Happy Life With Knit Doll

妞媽&鉤織娃兒的幸福相本

作者序

每個女孩長大的過程中，或多或少，
應該都作過「從此，王子與公主過著幸福快樂的日子……」這種美夢。
雖説隨著柴米油鹽醬醋茶的日復一日，甜蜜與浪漫可能隨之消減，
然而，一步一腳印所累積而成的珍貴情感，卻比比皆是無可取代的動人回憶。

這本書的緣起説來有趣。
媽媽我早過了風花雪月談情説愛的年紀（講好聽一點稱為穩重踏實）。
在那個閒來無事的午後，
無意間，我瞥見幼稚園的女兒，
拿著麥克筆，以不成熟的筆觸，
在一張我準備丟了的卡紙上，仔細的畫了一對結婚兔子。

看著小娃娃毫無保留的描繪她對未來的美好想像，
那一瞬間，我的心思，也跟著跌進時空漩渦裡，回到了兒時。

由一開始的兩小無猜，到大一點的叛逆青澀；
由初出社會的熱血衝勁，到成了家的安穩平實；
每一個階段，雖有不同的特色與追求目標，
但環環相扣，最終交織成了我們的精采人生。

不論你，現正經歷何種挑戰；
不管妳，現在處於什麼階段；
以享受過程的心情，Enjoy 生活裡的每一件事，
你會發現，屬於自己的幸福，正在開始。

我很喜歡這本充滿溫暖與心意的小書，
希望你們也是 ^^

愛線妞媽

CONTENTS

P.20

6. 畢業囉！

How to Make >>>P.79

P.22

7. 夢想之保衛家園

How to Make >>>P.82

P.24

8. 夢想之遨遊天際

How to Make >>>P.86

P.26

9. 我們結婚吧

How to Make >>>P.91

P.28

10. 一定要幸福唷

How to Make >>>P.97

Part 2 走進鉤織娃兒的小小學堂

Lesson 1 超基礎鉤織小知識

Lesson 2 超基礎鉤針編織技巧

HAPPY HOURS

PART 1

翻開鉤織娃兒的幸福相本

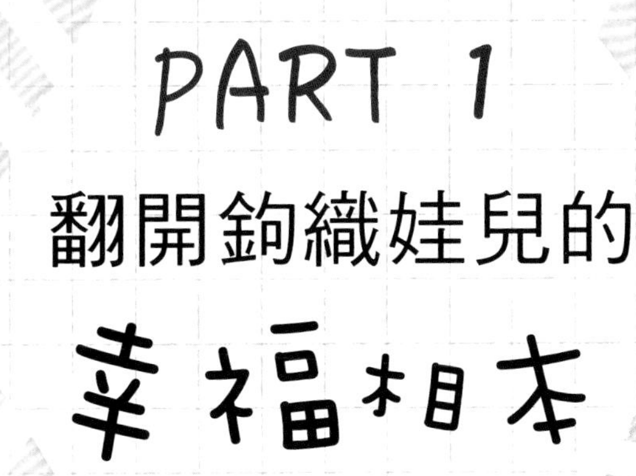

1. 青梅竹馬

How to Make >>>P.56

人生的第一個求學階段，

很高興有你陪著我。

那段手牽手一起進校門的美好時光，

是最珍貴的兩小無猜回憶……

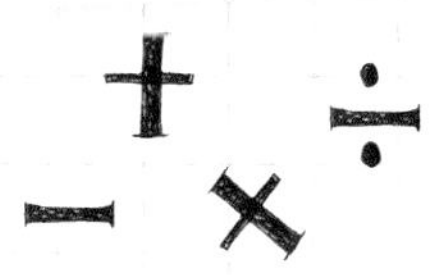

PART 1
翻開鉤織娃兒的
幸福相本

2. 海灣戲水趣

How to Make >>>P.60

無畏炙熱的太陽會讓皮膚曬成焦糖色，

夏天，就是一定得到海邊走走！

SUMMER TIME

3. 踏青趣

How to Make >>>P.64

背上包包，

我們走往林間探險。

找找石頭邊，角落裡，

有沒有藏著幸福的精靈？

HAPPY TIME

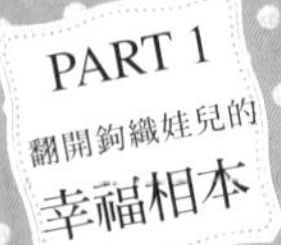

4. 歡度萬聖節

How to Make >>>P.68

你扮南瓜人，我裝小巫婆，

在這個可以隨性搞怪的節日裡，

大膽玩創意！

SURPRISE!

HAPPY HALLOWEEN

5. 聖誕快樂！

How to Make >>>P.73

歡樂的氣氛，滿滿的祝福，

就讓我們隨著叮叮噹的樂聲，

將幸福傳遞下去……

MERRY CHRITMAS

b. 畢業囉！

How to Make >>>P.79

挑燈夜戰的日子，埋首苦讀的時光；

因為有你日夜相陪，

我們終於一起順利披上象徵榮耀的畢業服。

今後，也要一起加油唷～

HAPPY!

7. 夢想之保衛家園

How to Make >>>P.82

你說，你想當個能保家衛國的軍人。

我說，我也想和你有一樣的體驗。

一陸一海，

我們為了國家的富強安康而努力！

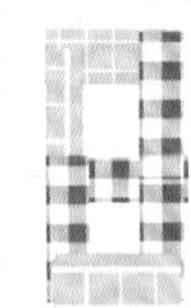

夢想之遨遊天際

How to Make >>>P.86

我說，我想成為空姐，到全世界走走看看。

你說，你願意陪我，成為帶領我遨翔天際的人。

出發！Let's go！

走過了好多風景，
共度了好些時光。
點點滴滴的情感，
累積成了甜蜜的：Yes, I do!

9. 我們結婚吧

How to Make >>>P.91

10 一定要幸福唷

How to Make >>>P.97

酸甜苦辣的職場生活，
喜怒哀樂的人生百態。
日子，無不充滿挑戰與挫折。
但只要我們手牽手往前走，
幸福～永遠都在！

HAPPY HOURS

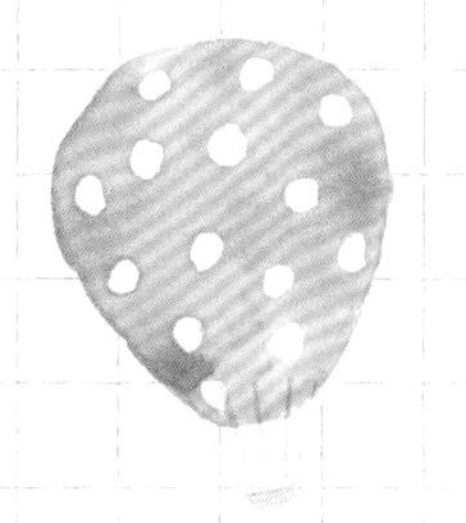

PART 2
走進鉤織娃兒的
小小學堂

超基礎鉤織小知識

關於鉤織娃兒

組合的基本順序

書中這些可愛的鉤織娃娃，都是先分別鉤好身體各部位＆衣飾，再縫合完成的。鉤好各部位時，記得要先預留一段線頭作為縫合之用。大部分的娃娃都是先完成素體，再加上裝飾，但也有部分娃娃是在縫合頭、手之前套上衣服。詳細製作順序，請按照作法頁的說明。

組合娃娃的工具

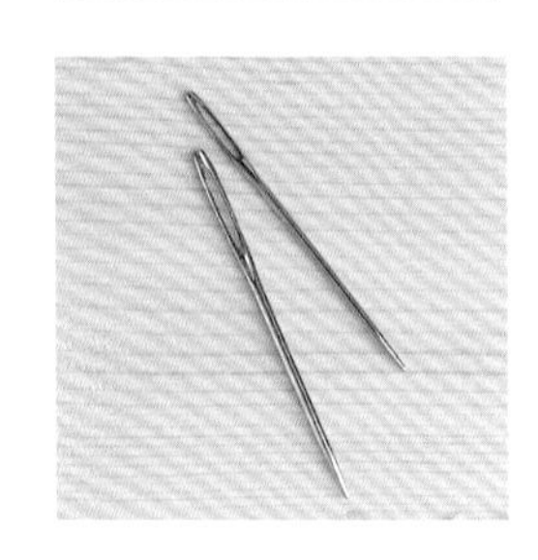

毛線針

縫合娃娃身體各部位，或服飾織片時使用。和一般縫衣針不同，針尖圓潤不容易傷到毛線，針孔也較大，方便毛線穿入。

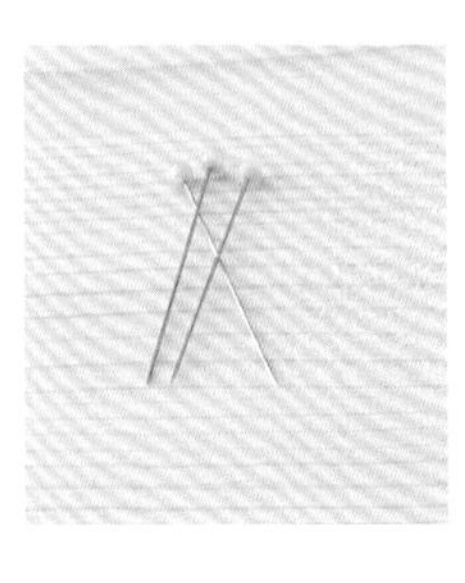

珠針

縫合玩偶的好幫手。無論是暫時固定待縫合部位，還是作為黏貼組合位置的標示，都很方便！

關於毛線

鉤織玩偶大多使用觸感柔軟的手鉤紗線材，成分多為不容易變形、變質又耐洗的亞克力纖維、尼龍等。毛線上的標籤除了品名、成分、色號、適用針號等基本資訊外，還有一個表示批次號碼的Lot. No.。由於同色號的毛線也有可能因為不同染缸批次而產生些許差異，因此購買時要注意，一件作品上相同的顏色，最好使用批號相同的毛線。

抽取毛線時，若直接使用外側的線頭開始編織，標籤容易不見，編織時毛線球也會到處亂滾。只要從毛線球內側中心，抽出另一端線頭所在的一小球線團，編織時毛線球就會乖乖待在原地囉！

鉤針＆織線

鉤織時，會根據織線的粗細，來選擇鉤針型號。一般鉤針由 2/0 號（細）到 10/0 號（粗），當然也有更粗的巨型鉤針，與更細的蕾絲鉤針。本書依線材粗細不同，分別使用 3/0、5/0、6/0 三種尺寸的鉤針，請依作法說明選用。以下將介紹本書使用的鉤針與適用線材。

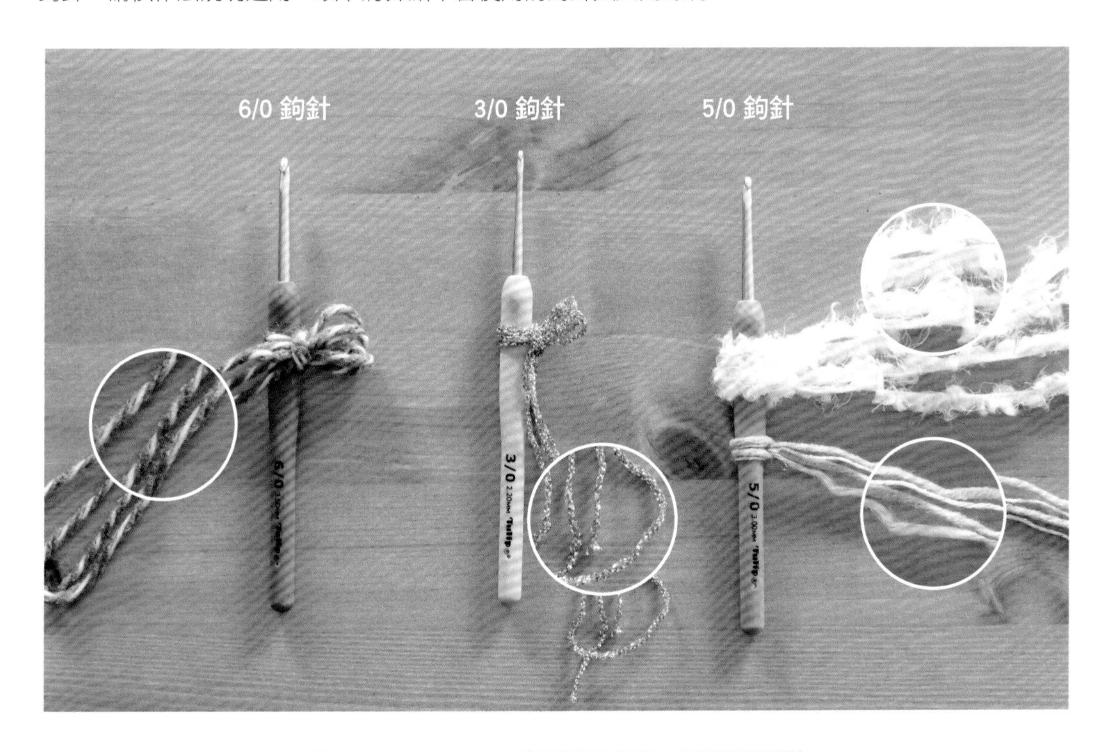

6/0 鉤針＆適用線材

N104 派對紗

中粗線材，觸感柔軟顏色選擇多，有素色與本書選用的花線。適合鉤織圍巾、帽子等衣飾配件。

3/0 鉤針＆適用線材

R74 金蔥彩線

擁有金屬般的亮麗色彩，適合作為重點裝飾、緣飾滾邊，以及節慶應景作品。

5/0 鉤針＆適用線材

J005 糖果紗（上）

粗線材，線上帶有圓圈狀的絨毛，柔軟蓬鬆。常用於圍巾等衣飾配件，或兒童衣物。

L205 諾古力（下 - 白線）

柔軟材質混搭金蔥，高雅大方的極細線材，運用在雙線配色或精巧作品皆宜。作品「09 我們結婚吧」使用貝碧嘉與諾古力雙線鉤織，由於諾古力很細，因此不影響鉤針型號。

I22 貝碧嘉線（下 - 紫線）

本書主要使用線。中粗線材，觸感柔軟顏色選擇多，適合鉤織玩偶，或圍巾、帽子等衣飾配件。

其他材料＆工具

娃娃頭髮用線

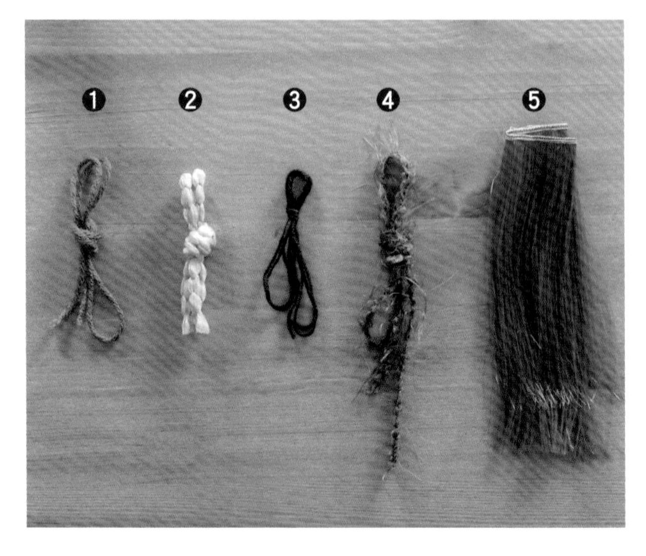

❶ J008 極太 25（金綺）
材質較挺的粗線材，水洗易乾價格實惠，顏色豐富鮮豔。適合鉤織娃娃、手提袋等。

❷ I45 保羅大師抗菌防臭紗
超粗的柔軟線材，經特殊抗菌處理且吸水力強，可製作各類家飾或清潔工具等。

❸ I65 娃娃紗
中細線材，觸感柔軟，顏色多樣繽紛，多用於鉤織玩偶及精緻小物。

❹ R63 楓葉毛線（圈圈紗）
中細線材，毛線由圈圈及長纖組成，常用於鉤織圍巾、披肩及配件。

❺ 市售髮片

裝飾配件

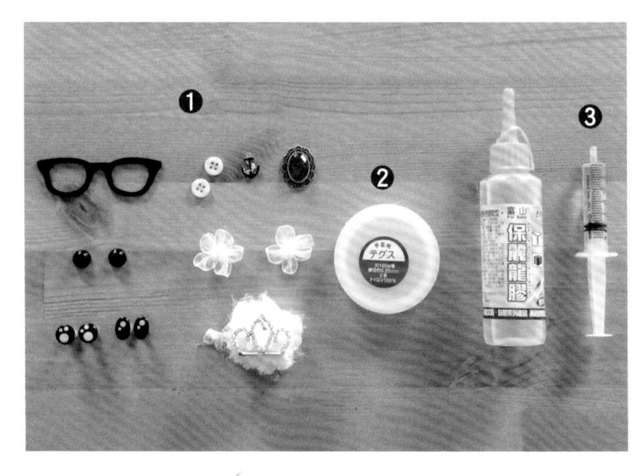

❶ 各式娃娃裝飾配件＆眼睛
種類繁多，依個人喜好選用即可。

❷ 透明釣魚線
使用一般縫衣針，縫合市售髮片用。

❸ 保麗龍膠
黏合娃娃髮套、眼睛及各式配件。分裝在針筒，不但能精準的塗在細部，也不容易讓瓶裝的保麗龍膠因為經常開啟而乾硬。

鉤織時，有它很方便！

記號圈／段數圈 有許多樣式與尺寸，但功能都一樣，主要是標示段數或針數之用。編織段數較多時，每隔幾段掛上一個記號圈就很方便計算。剛開始學習鉤織的初學者，也可以在每段的第一針先掛上記號圈，最後若是需要鉤織引拔針，就不會挑錯針目囉！

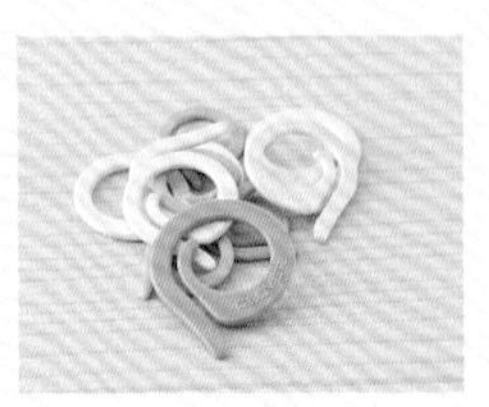

看懂織圖

鉤織編織記號

鉤針編織的每一種針法都有固定的代表符號，只要知道織圖上代表的符號意義，並且熟悉針法，無論是帽子、圍巾、各式小物、包包，甚至背心或罩衫，只要有織圖，都能鉤織出來喔！

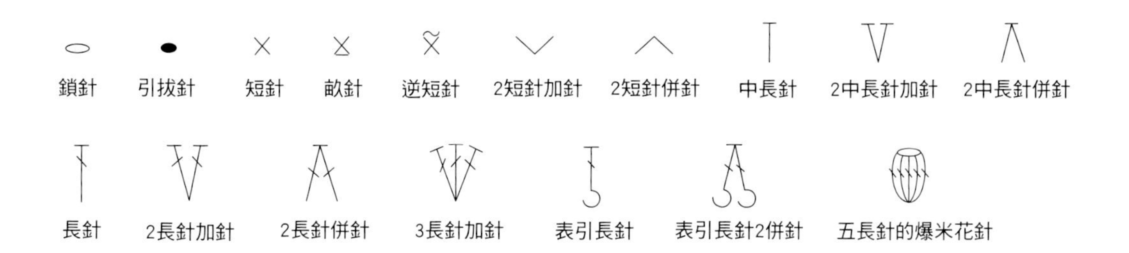

輪狀起針的織圖

鉤織頭、手或髮套等球狀或圓形織片時，通常都是以輪狀起針開始鉤織。本書的輪狀起針有兩種形式，請見下方說明：

不鉤立起針的螺旋狀織圖

輪狀起針後，不鉤立起針，直接順著針目挑針鉤織到所需段數，這時鉤織出來的織片就會呈現連續延伸的螺旋狀。
本書織圖雖大多畫成同心圓的模樣，實際上鉤織完成的織片模樣，卻是右圖的螺旋狀。

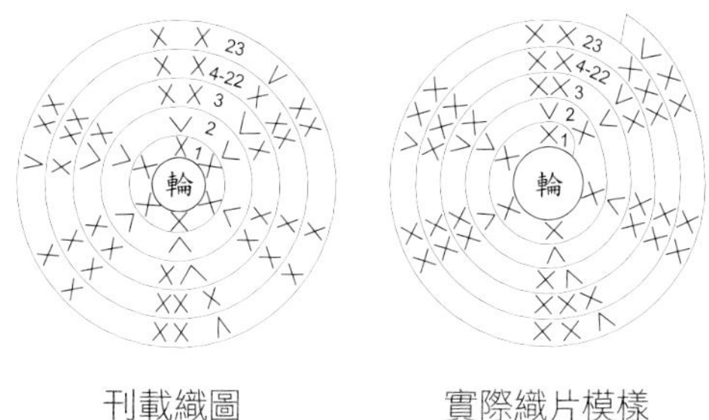

刊載織圖　　實際織片模樣

鉤織立起針的同心圓織圖

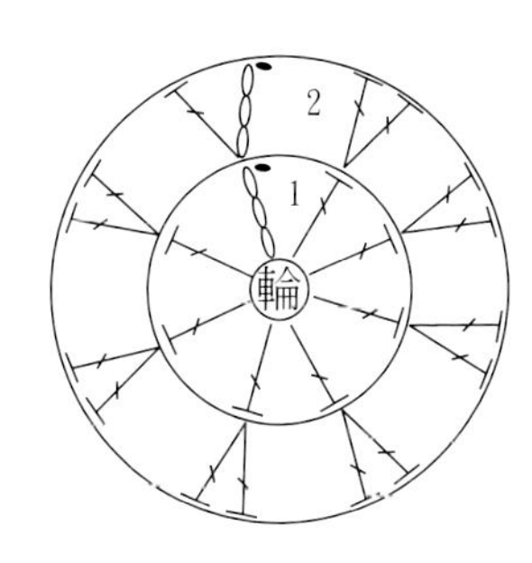

在每一段的最初鉤織立起針，再以引拔針將最後一針與第一針接合成一個完整的圓，再鉤織下一段的立起針。這時鉤織出來的織片就會呈現一圈一圈的同心圓狀。
請注意，織圖上的引拔針通常都畫在鎖針旁邊，但實際上卻是與該段第一針鉤引拔（跳過立起針的鎖針）。而下一段的第 1 針，也是在同樣的第 1 針上挑針。

鎖針起針的織圖

有許多鉤織形式皆是以鎖針為基底針目開始，例如：鉤織娃娃鞋子、雙腳的橢圓形織片；以往復針鉤織的衣服或髮條；以及將鎖針接合成圈的輪編等。應用多元，再加上計入或不計入針目的立起針，初學者容易混淆而算錯針數，因此請務必閱讀以下說明。

橢圓形織片

起針處

這裡會有一針不計入針數的鎖針，因為要避免線頭鬆脫而拉緊，所以針目很小，通常織圖上也不會畫出來。下一針鎖針才開始視為第 1 針。

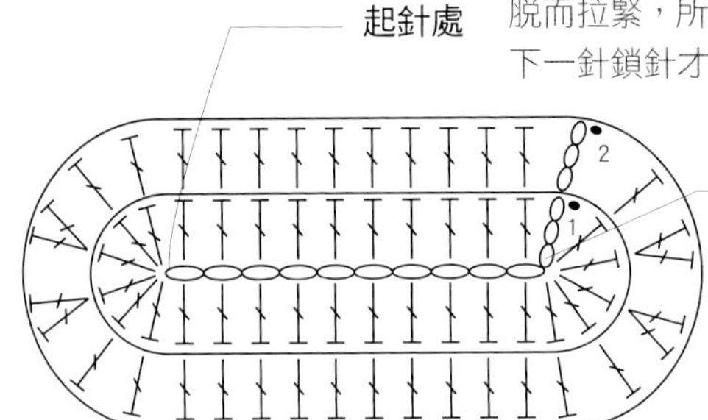

第 1 段的立起針

這三針鎖針是轉彎開始鉤織第 1 段的立起針，除短針的一鎖立起針不能計入針數外，中長針、長針等的立起針皆視為第 1 針。

長方形織片

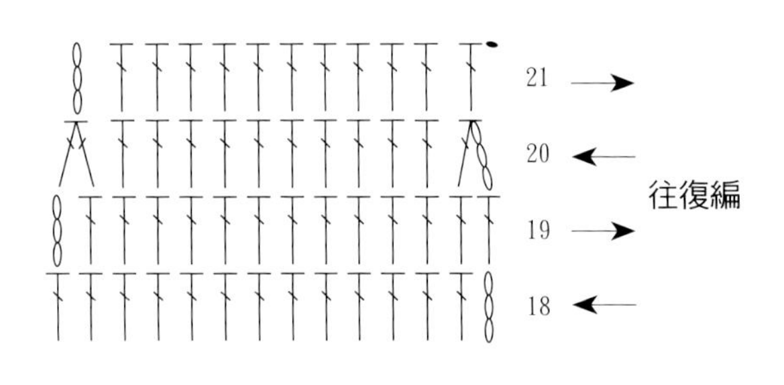

像這樣立起針一左一右的織圖，就表示這是一正一反來回編織的往復編。鉤完一段之後，在尾端鉤織下一段的立起針，同時將織片翻面再繼續鉤織的織法。

圓形織片

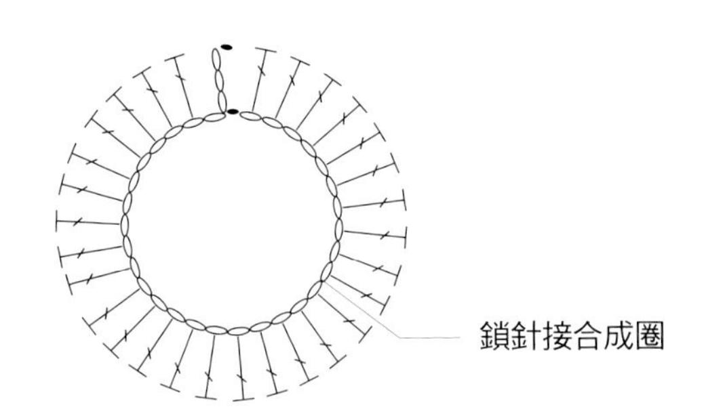

這是先鉤織一段鎖針，再將頭尾鎖針以引拔針接合成圈，接著才在鎖針上挑針鉤織的作法。

超基礎鉤針編織技巧

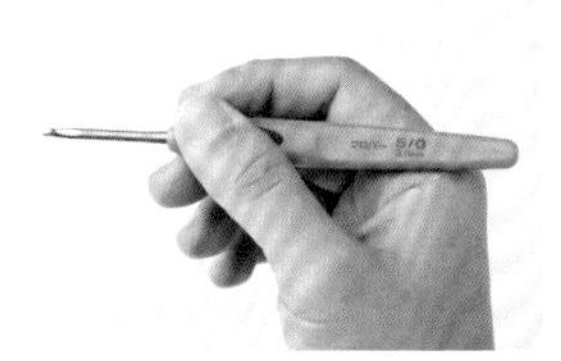

1 右手拇指和食指輕輕拿起鉤針，中指抵住側邊輔助。

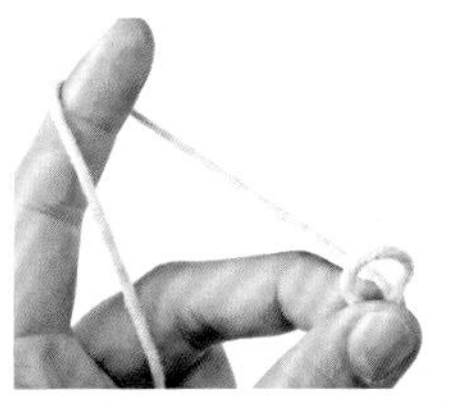

2 將織線繞出一個圈後，捏住交叉處。

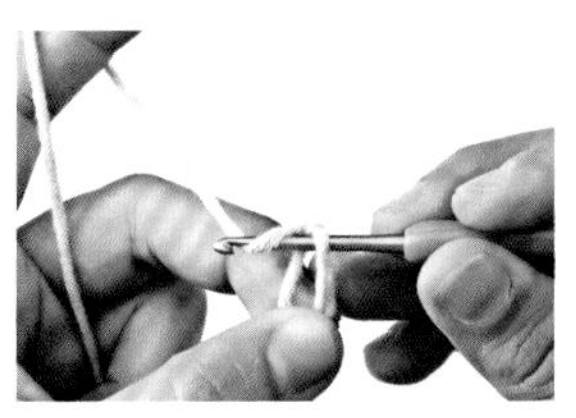

3 鉤針穿過線圈，如圖掛線。

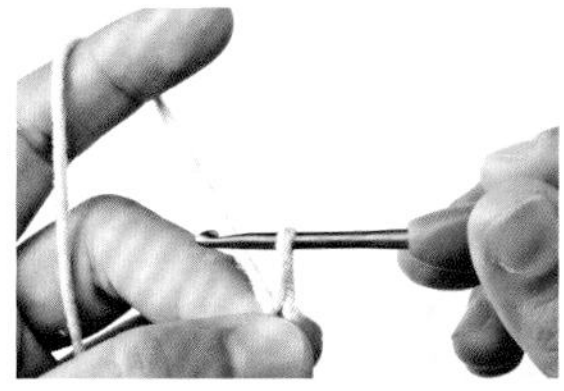

4 將線鉤出後，拉住線頭使步驟 2 的線圈收緊。

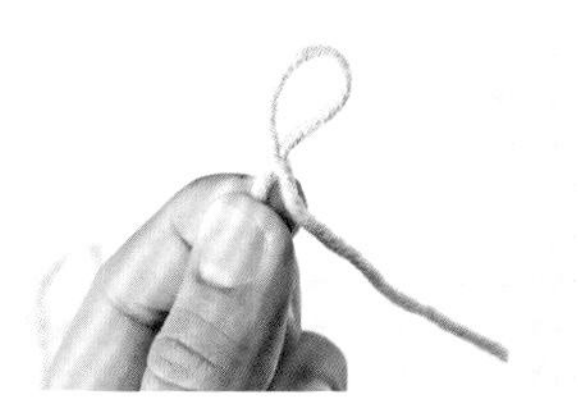

5 完成起針（起針處，這 1 針不算在針數內）。

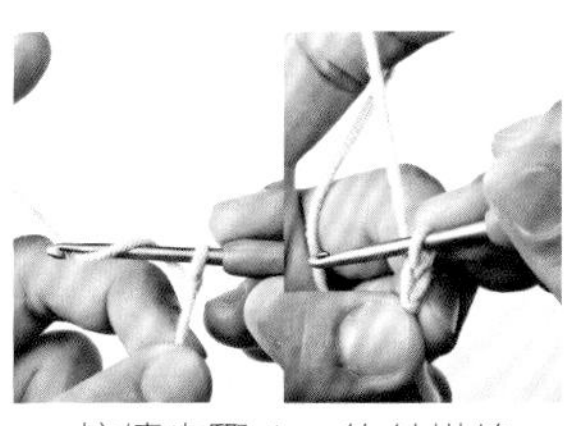

6 接續步驟 4 ，鉤針掛線，將線鉤出針上線圈，完成 1 針鎖針。

7 重複步驟 6 ，直到鉤織完所需針數。

第一段為短針的情況

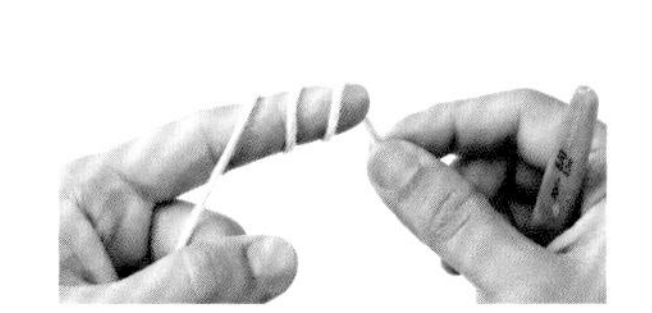

1 線在手指上繞 2 圈。

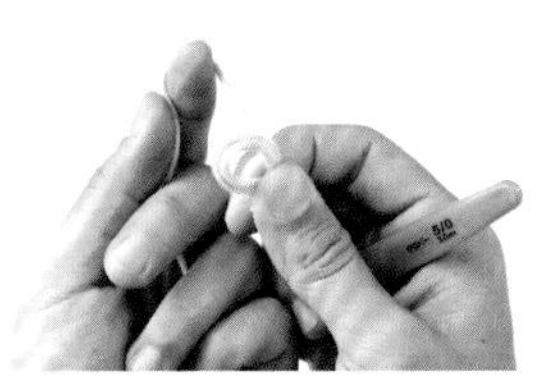

2 以拇指和中指壓住線圈交叉處。

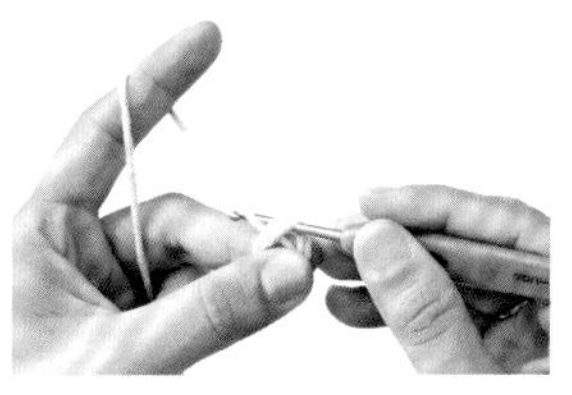

3 鉤針如圖穿過輪，將線鉤出。

鎖針

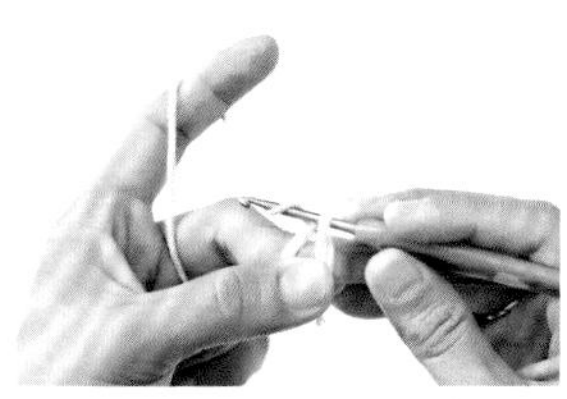

4 織第 1 段立起針的鎖針，鉤針如圖掛線後將線鉤出，穿過掛在針上的線圈。

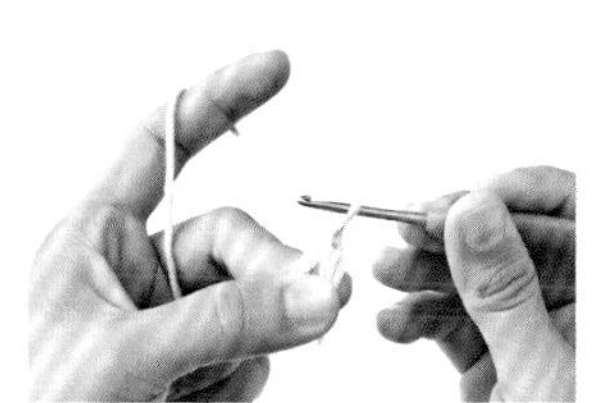

5 完成 1 針鎖針（第 1 段短針的立起針，這 1 針不算在針數內）。

短針

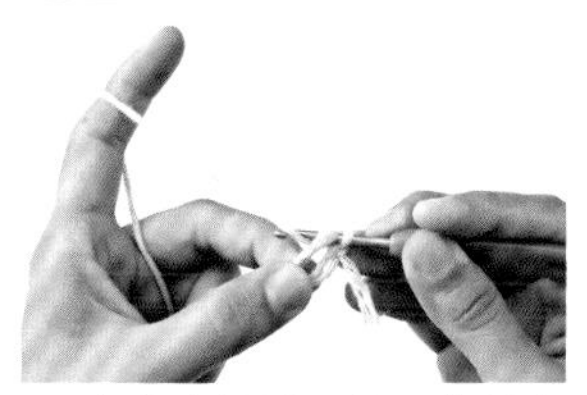

6 在輪中鉤織短針。鉤針穿入輪中，掛線鉤出。此時針上掛著兩個線圈。

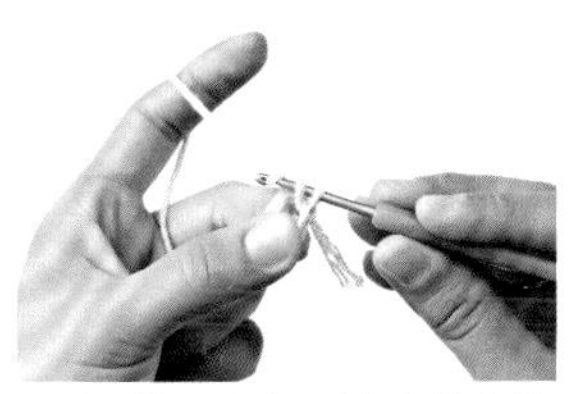

7 鉤針再次穿入輪中掛線鉤出，一次穿過鉤針上的兩線圈。

引拔針

8　完成1針短針。

9　重複步驟6～7，鉤織必要的短針數。接著拉下方的B線，使上方的A線收緊。

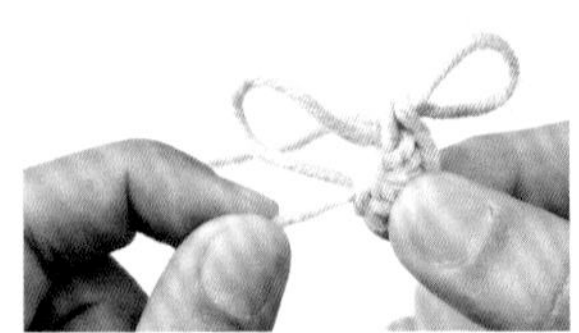

10　再拉線頭收緊B線，使短針針目縮小成一個環。

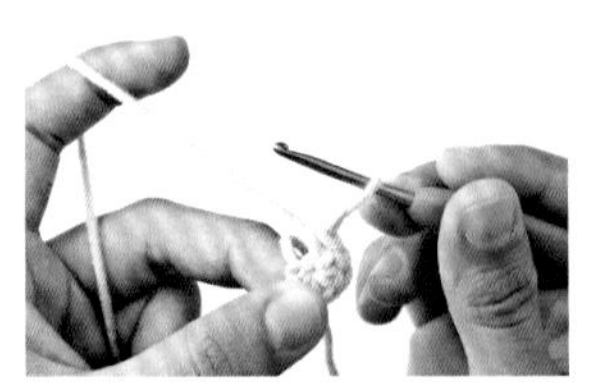

11　鉤針如圖穿過線圈，準備鉤織引拔針完成第1段。

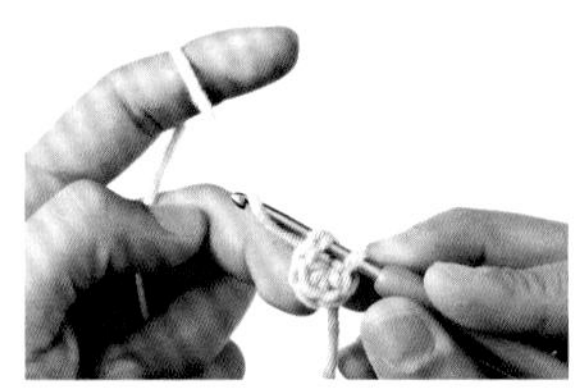

12　鉤針如圖穿入第1針短針，掛線鉤出穿過短針與鉤針上的線圈。

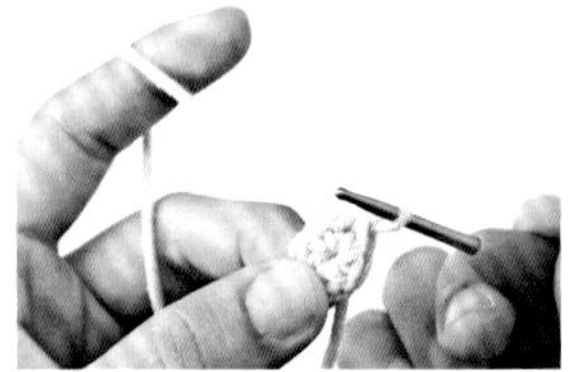

13　完成接合第1段頭尾的引拔針。第1段鉤織完畢。

鎖針接合成圈的輪狀起針

第一段為短針的情況
這是先將一段鎖針頭尾接合成圈，再於鎖針上挑針鉤織短針的織法，如P.68歡度萬聖節的巫婆裝。

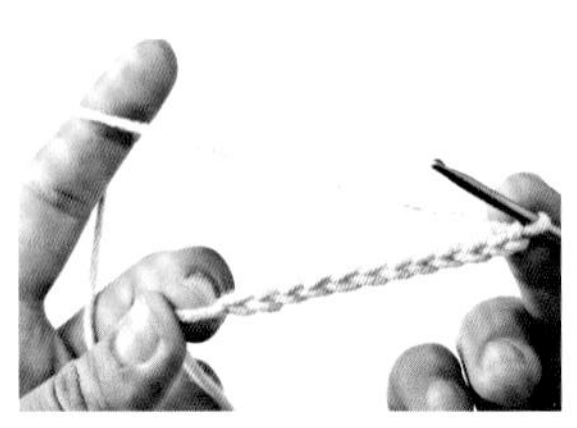

1　鎖針起針鉤織必要針數。

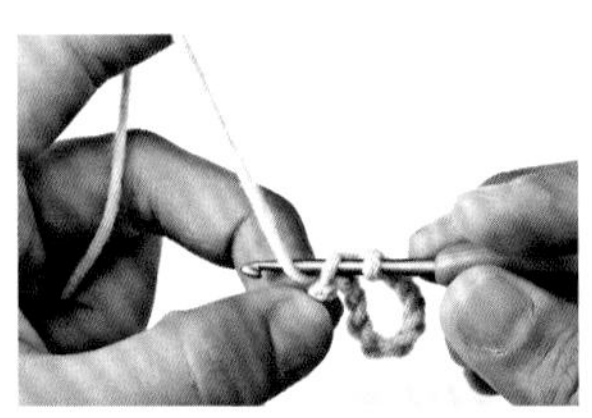

2　鉤針穿入第1針，掛線鉤引拔針。

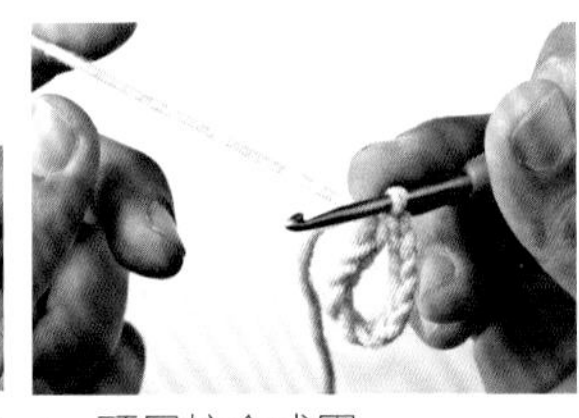

3　頭尾接合成圈。

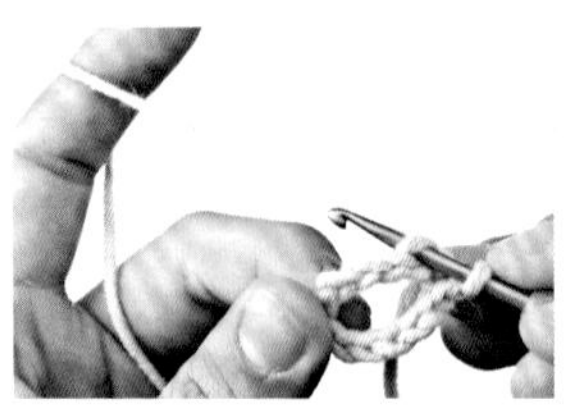

4　接著鉤織短針。同樣在第1針鎖針上挑針，掛線鉤出。

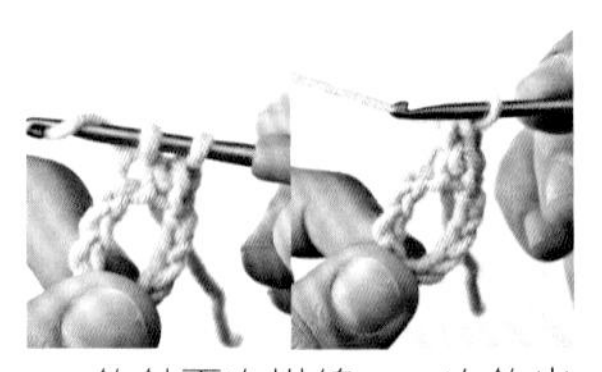

5　鉤針再次掛線，一次鉤出穿過鉤針上的兩線圈，完成一針短針。

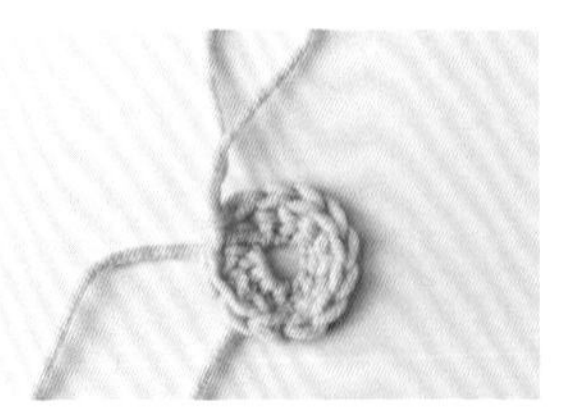

6　重複步驟4．5，完成第1段的短針。

鎖針起針的情況

1 參考 P.37 完成鎖針起針的必要針數後，先在鉤針上掛線。

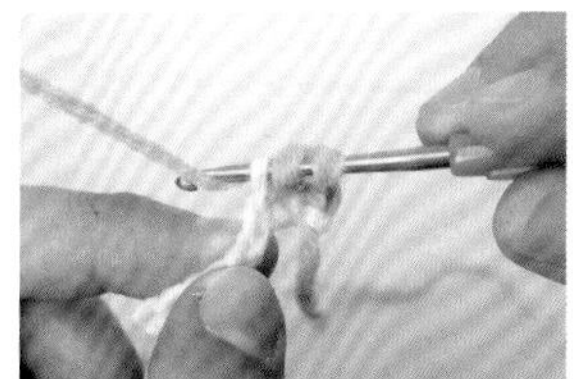

2 鉤針挑鎖針半針，掛線。

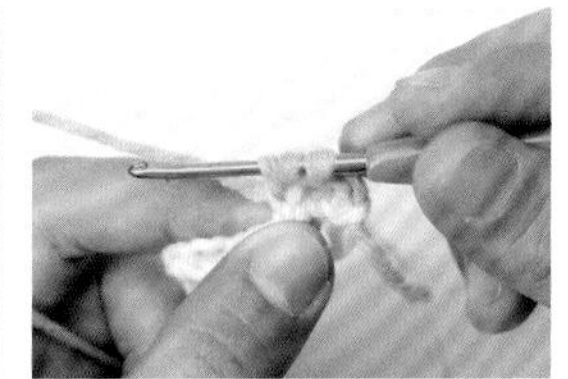

3 鉤出織線，此時針上有 3 個線圈。

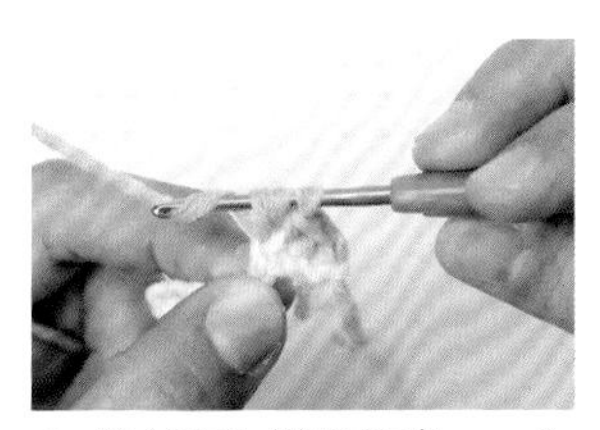

4 鉤針再次掛線鉤出，一次穿過針上 3 線圈。

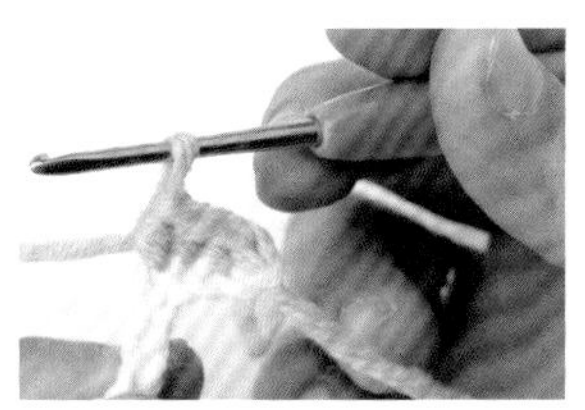

5 完成一針中長針。

中長針的針目高度是 2 鎖針，因此當鉤織段的第一針是中長針時，要先鉤 2 針鎖針作為立起針。立起針算 1 針。

鎖針起針的情況

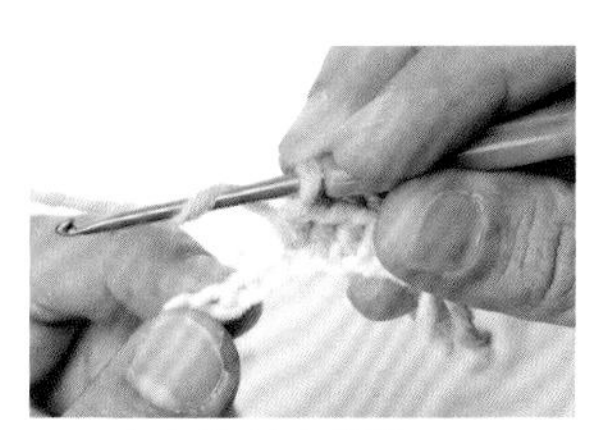

1 先在鉤針上掛線。

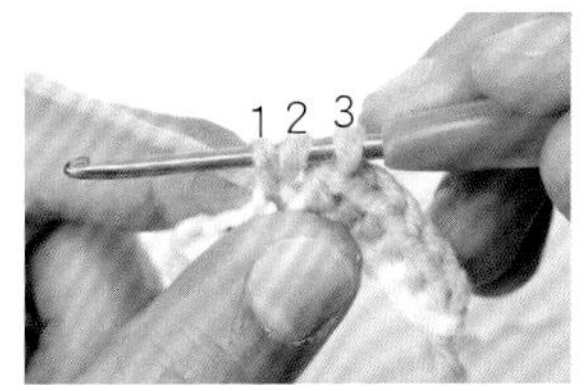

2 鉤針挑鎖針半針，掛線鉤出。此時針上有 3 個線圈。

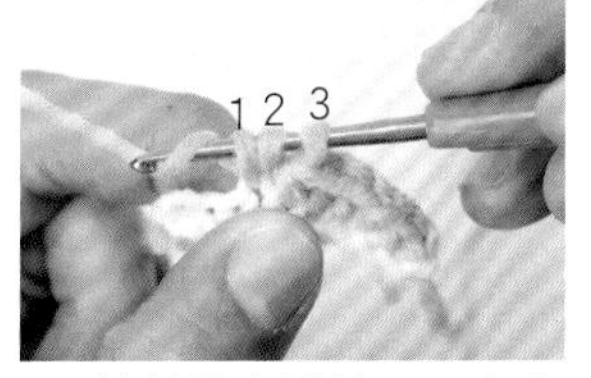

3 鉤針再次掛線，一次穿過圖上 1 與 2 兩線圈。

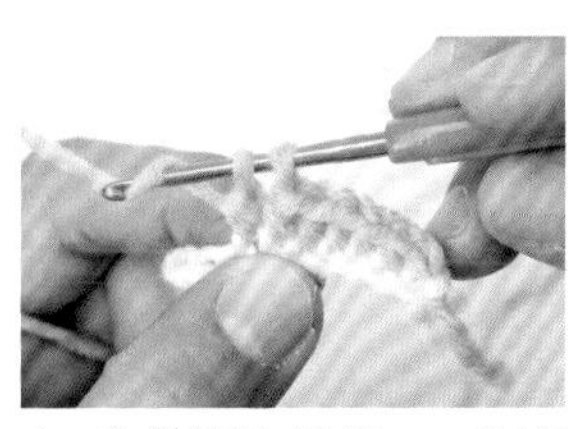

4 鉤針再次掛線，一次穿過針上 2 線圈。

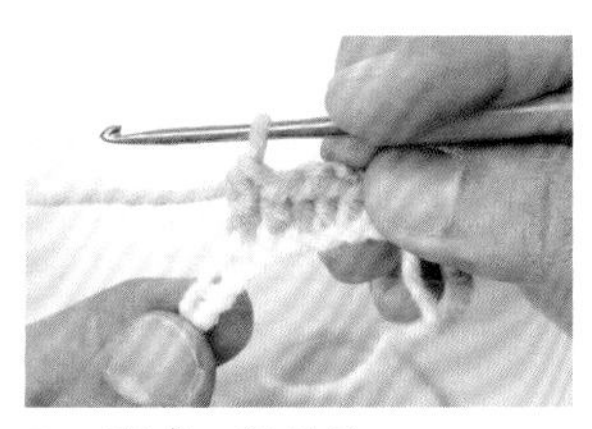

5 完成一針長針。

長針的針目高度是 3 鎖針，因此當鉤織段的第一針是長針時，要先鉤 3 針鎖針作為立起針。立起針算 1 針。

2 短針加針

1 鉤針挑前段針目的兩條線，掛線鉤織短針（參考P.37 步驟 6、7）。

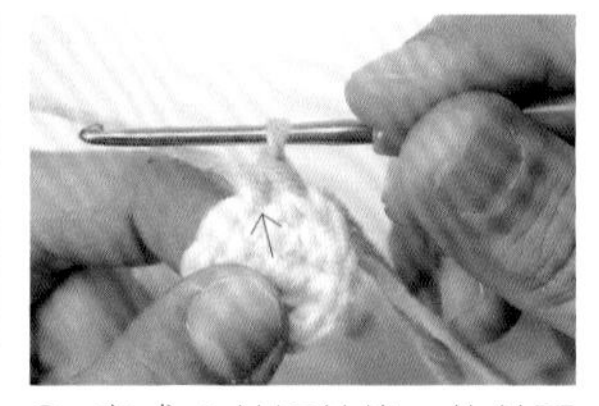

2 完成 1 針短針後，鉤針再次穿入同樣針目，鉤織短針。

3 以 1 短針 +2 短針加針鉤織，從 12 針擴展至 18 針的織片模樣。

2 短針併針（減針）

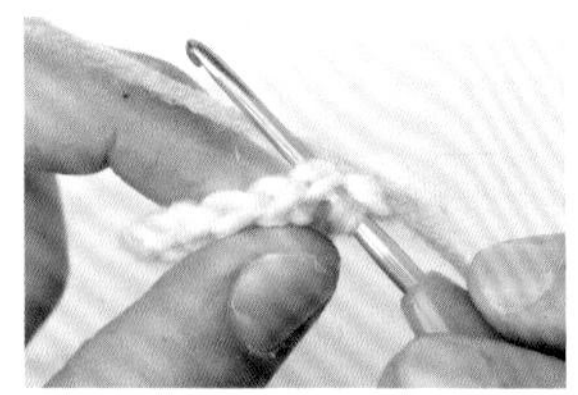

1 鉤針挑前段針目的兩條線。

2 鉤針掛線鉤出。

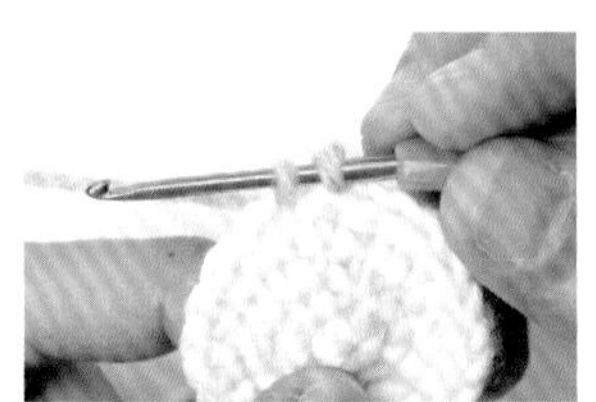

3 鉤好 1 針未完成的短針。

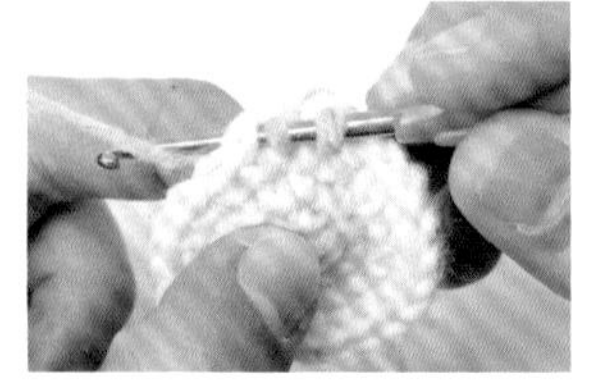

4 鉤針直接挑下 1 個針目，同樣掛線鉤出。

5 此時針上掛著 2 針未完成的短針，與原有的線圈。鉤針掛線，一次引拔穿過針上 3 個線圈。

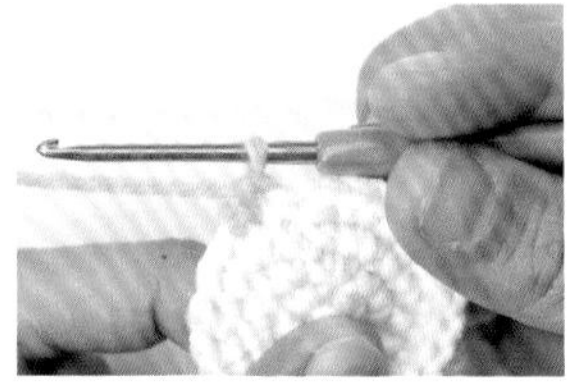

6 完成 2 短針併針（減一針）。

7 完成一段針目從 24 針減少至 18 針，使織片縮小的模樣。

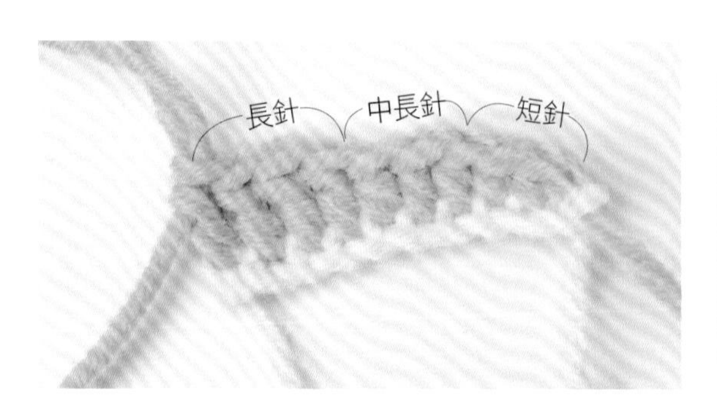

短針・中長針・長針的針目高度

針目高度以鎖針為單位，同時也等於立起針的針數。1 短針高度為 1 鎖針，1 中長針高度為 2 鎖針，1 長針高度為 3 鎖針。除短針的 1 鎖立起針不計入針數外，其他 2 鎖以上的立起針皆算 1 針。

2中長針併針

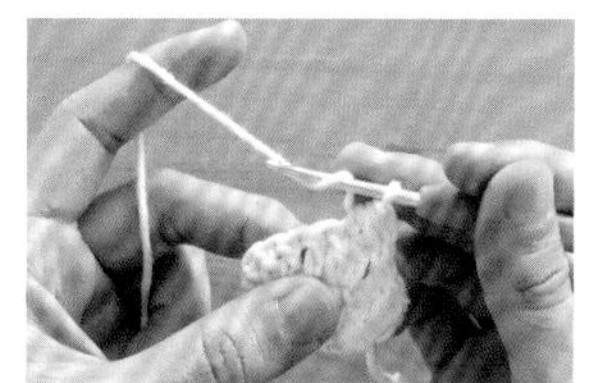

1 如圖示，先在鉤針上掛線。之後穿入針目，掛線鉤出。完成一針「未完成的中長針」。

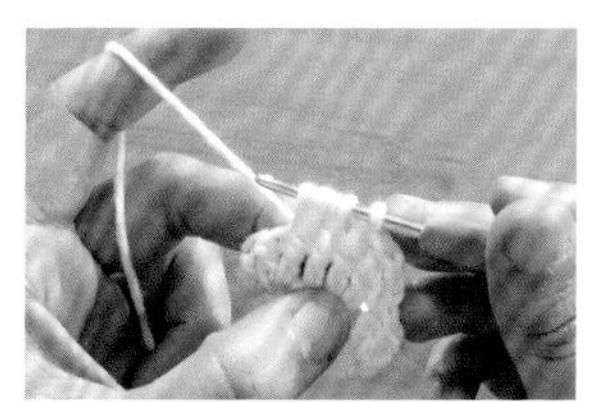

2 鉤針再次掛線，直接在下一針挑針，掛線鉤出，完成第二針「未完成的中長針」。

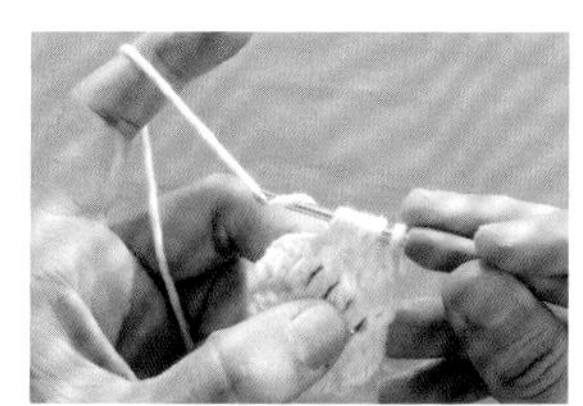

3 鉤針掛線，一次引拔穿過掛在針上的5個線圈。

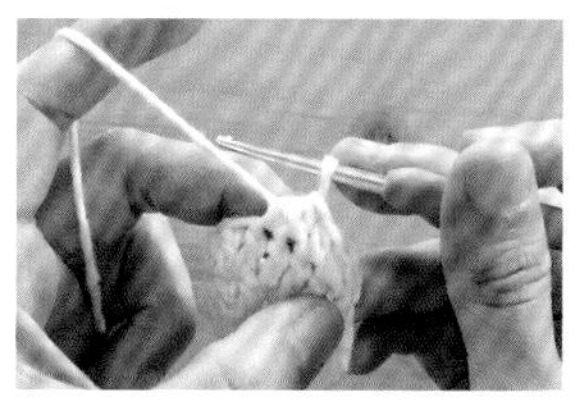

4 將2針中長針併為一針，完成減針。

其他針法的加針＆減針

各種針法的加針與減針法，鉤織訣竅都與短針相同。加針就是在同一針目挑針，鉤入兩針或更多的指定針數。減針就是連續挑針，鉤織未完成的針目再一次引拔，收成一針。

※未完成的針目：針目再經過一次引拔，即可完成的狀態。

2長針併針（減針）

1 鉤針掛線後穿入針目，掛線鉤出。

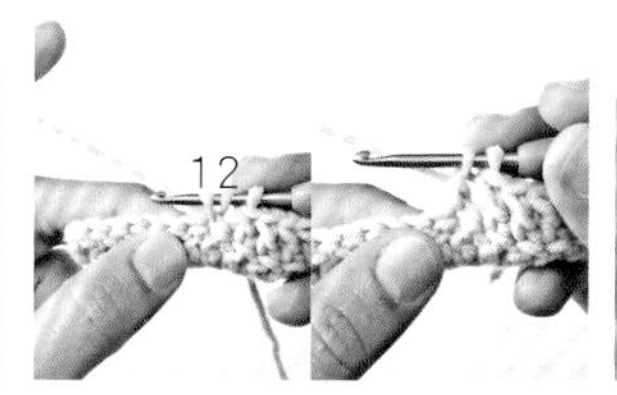

2 鉤針再次掛線，引拔鉤針上的1與2兩線圈，完成「未完成的長針1針」。

3 鉤針再次掛線，直接在下一針挑針，掛線鉤出。

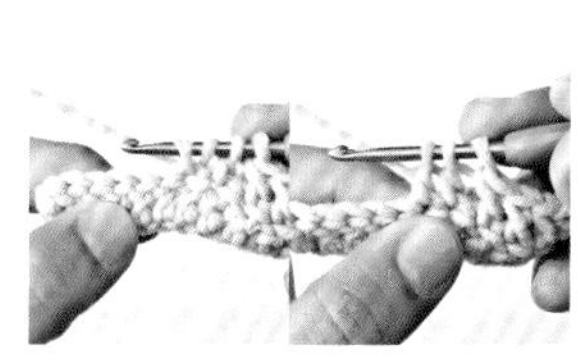

4 鉤針再次掛線，引拔鉤針上的1與2兩線圈，完成第二針「未完成的長針」。

5 鉤針再次掛線，一次引拔穿過針上三線圈。

6 將2針長針併為一針，完成減針。

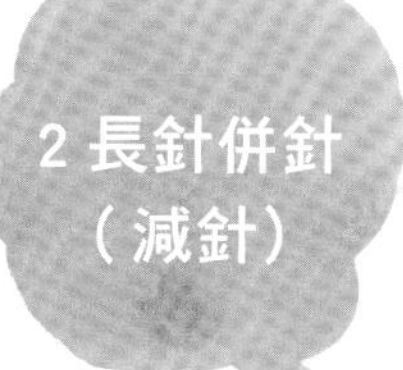

畝針

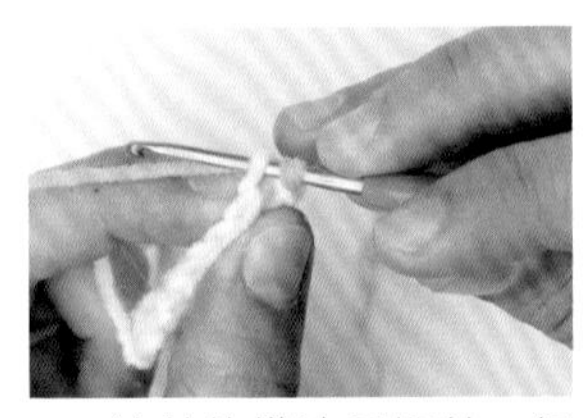

1 畝針的織法同短針，但鉤針只挑前段針目的外側半針（一條線）。

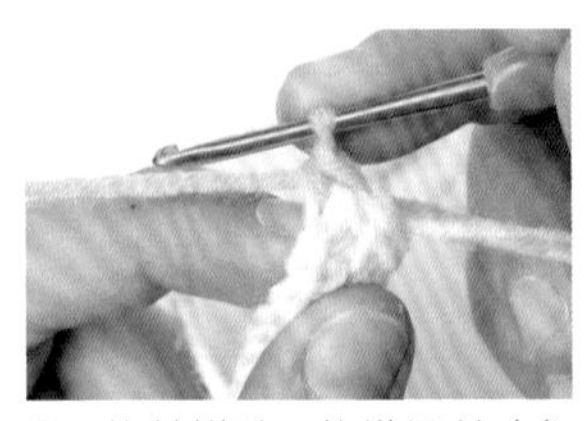

2 鉤針掛線，鉤織短針（參考 P.37 步驟 6、7）。完成 1 針畝針。

3 由於只挑外側半針，因此內側半針會在表面呈現浮凸的線條。

逆短針

這是看著正面，由左往右逆向鉤織的針法。

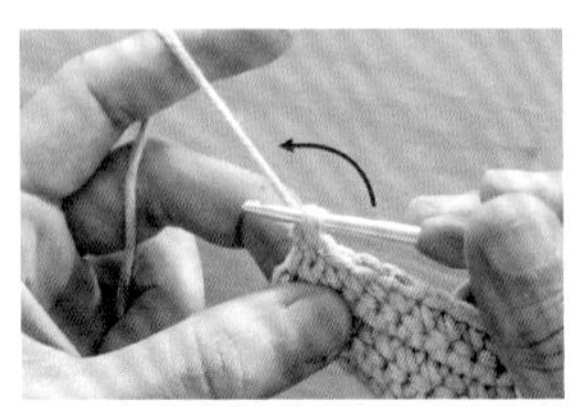

1 鉤針依箭頭指示，逆時針旋轉。

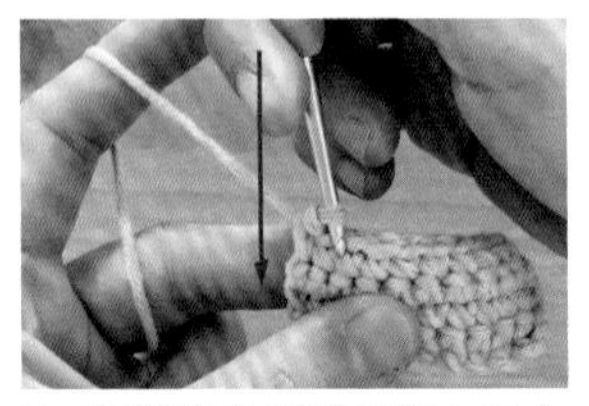

2 接著將手柄部分朝自己方向下壓，成為鉤針在織片內側的模樣。

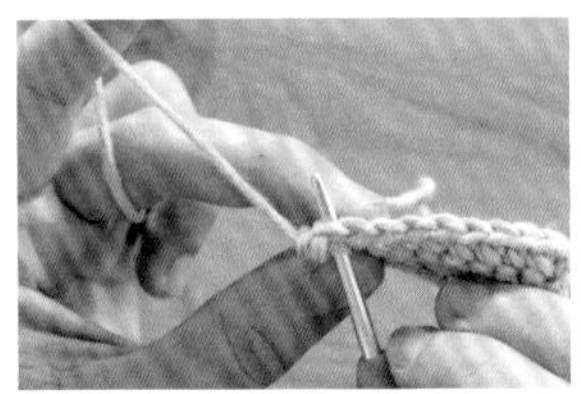

3 鉤針從內側入針，挑前段針頭的 2 條線。

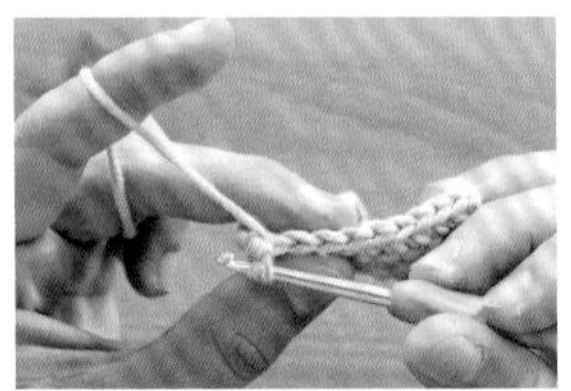

4 鉤針在織線上方，直接鉤出線。

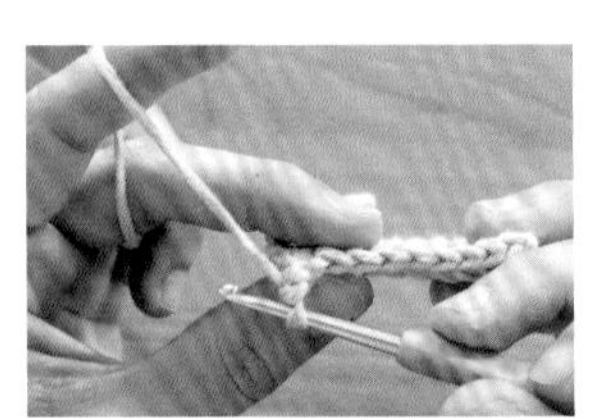

5 鉤針掛線，一次引拔掛在針上的 2 個線圈，完成 1 針逆短針。

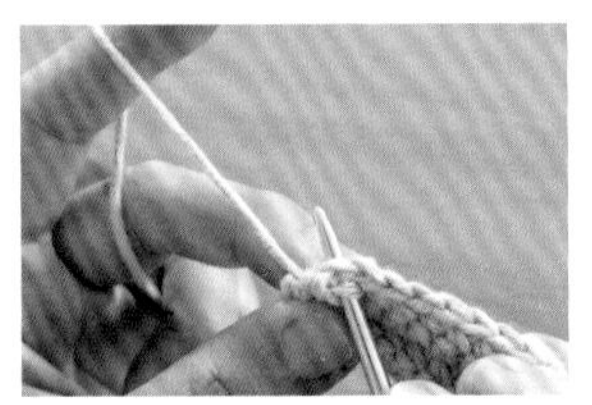

6 第 2 針同樣由內側入針，挑針目 2 條線鉤織。

Merry
Christmas!

5 長針的爆米花針

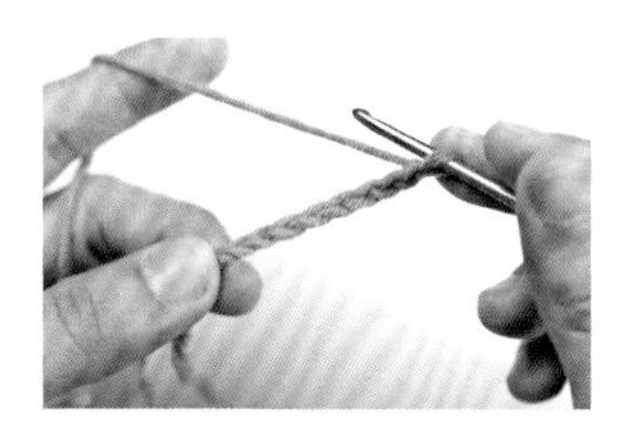
1 鎖針起針，以 3 針鎖針作為長針的立起針後，開始鉤織長針。

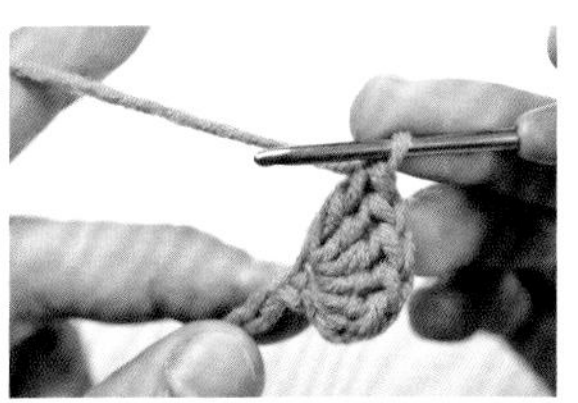
2 在同一針目，挑針鉤織 5 針長針。

3 先將鉤針抽出，再如圖所示重新穿入第一針長針的頂端。

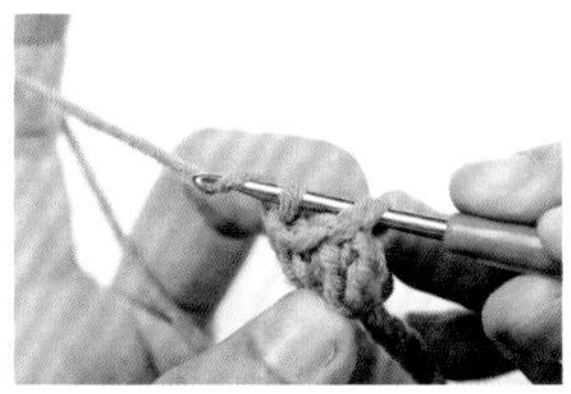
4 鉤針穿過線圈後掛線，鉤織鎖針。

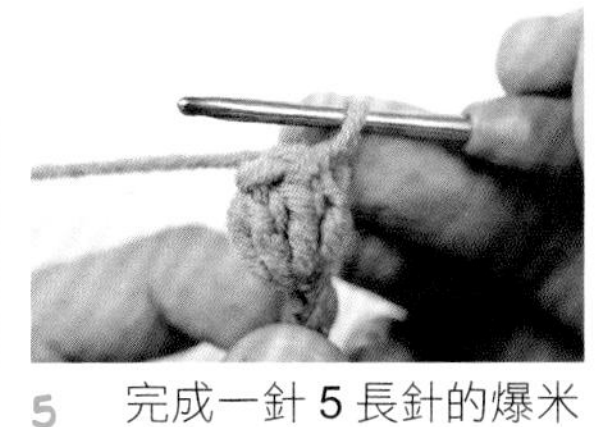
5 完成一針 5 長針的爆米花針。

表引長針

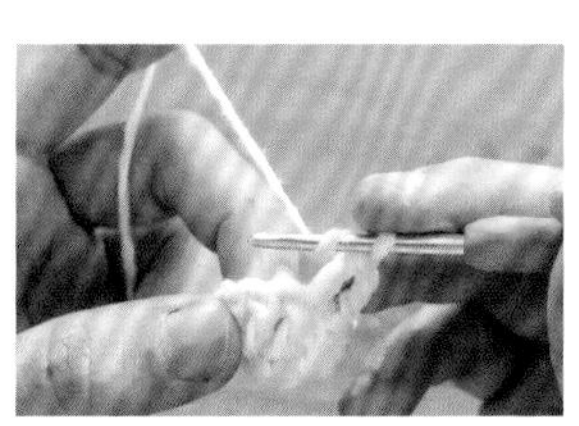
1 鉤針掛線，依箭頭指示，在表面（內側）橫向穿入前段的針腳。

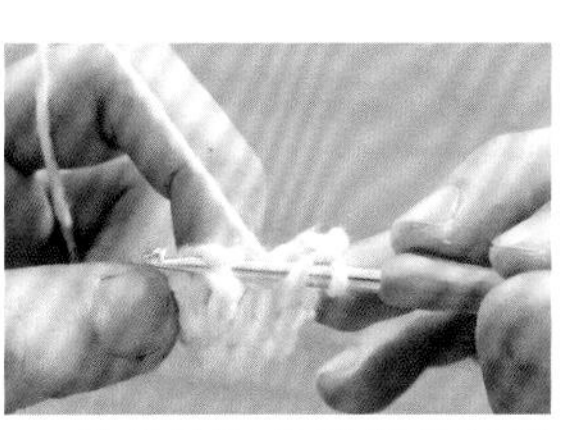
2 鉤針穿入前段針目針腳的模樣。

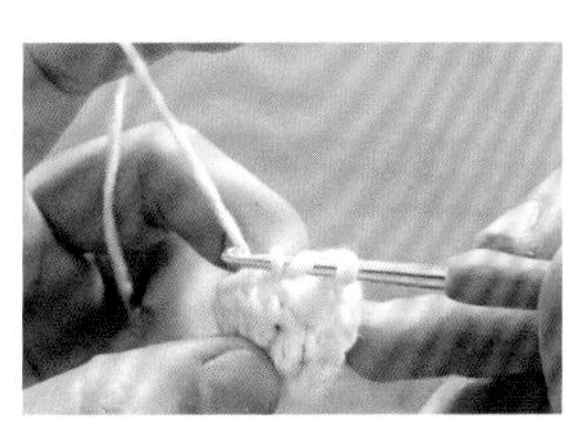
3 鉤針掛線鉤出，織線要稍微拉長。接著在針上掛線，引拔針上前 2 個線圈。

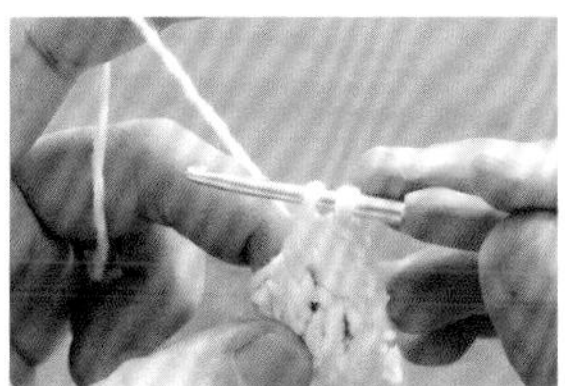
4 鉤針再次掛線，一次引拔鉤針上的最後 2 個線圈。

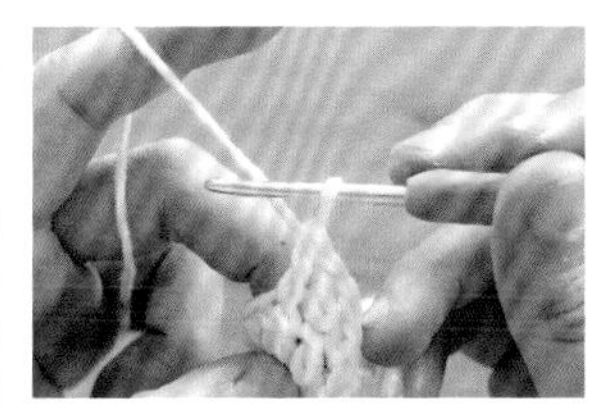
5 完成一針表引長針。

換線鉤織整段

整段換線時，從最後的引拔針或最後一針開始鉤織。

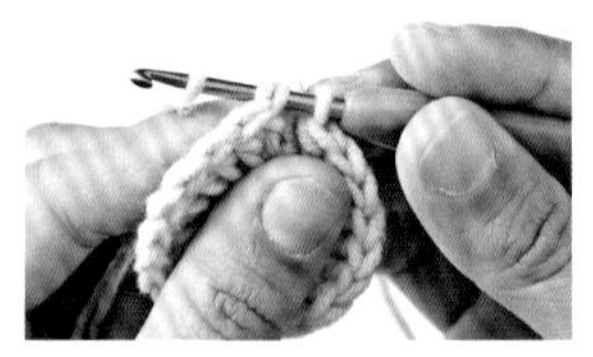

1 左手改掛替換的色線，線頭以中指壓住，鉤針穿入該段第 1 針掛線，鉤織該段的引拔針。

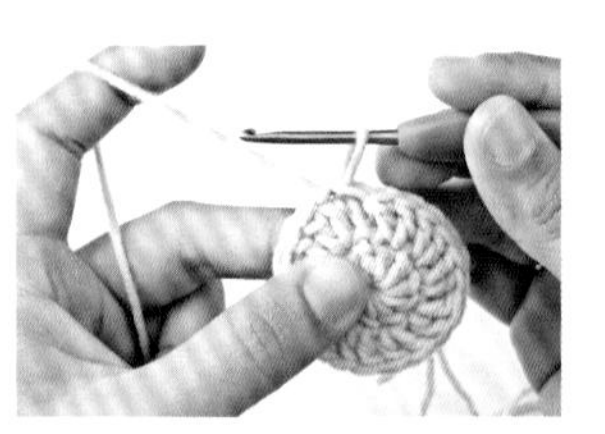

2 完成接合該段頭尾的引拔針。

收線

3 示範織片為長針，因此鉤織作為立起針的三針鎖針。

4 按織圖繼續鉤織，換線完成一段的模樣（正面）。

5 收針時，先將線頭穿入線圈後拉緊。

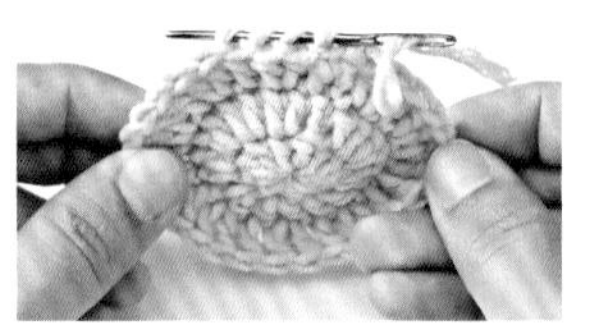

6 接著將線穿入毛線針，如圖示在邊緣內側挑針藏線，最後將多餘線段剪掉即可。

7 換線處則是先將兩色線頭打結。

8 同步驟6的技巧，在背面挑針，藏起兩線頭後剪線。

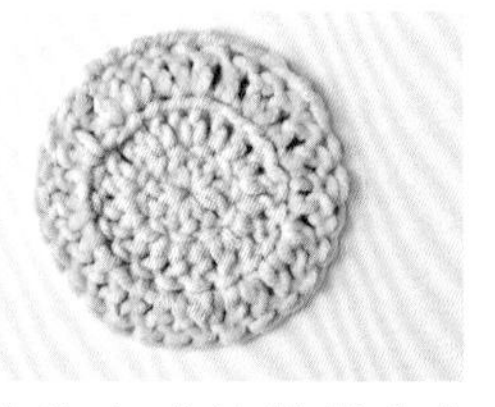

9 收線完成的模樣（背面）。

換線鉤織花樣

必須頻繁換線鉤出花樣時的換線技巧，可連續鉤織不需剪斷，因此不會有很多線頭，收線也很輕鬆喔！

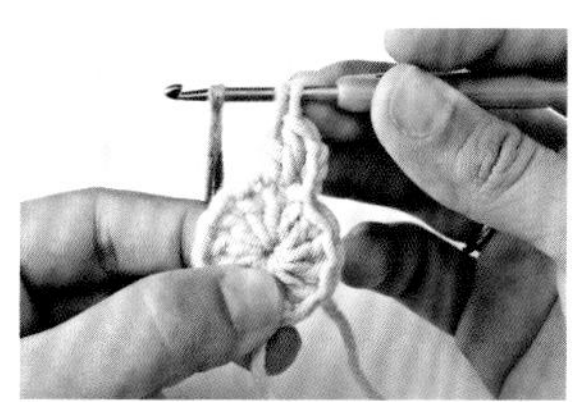

1 先以主色線鉤織，到了要配色的位置時，左手改掛替換的色線，原本的主色線則以拇指壓住。

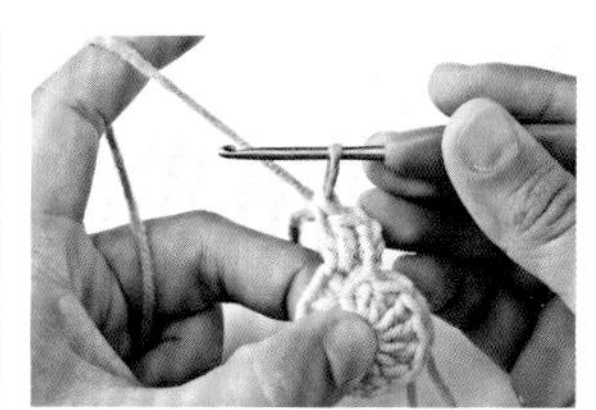

2 從前一針最後的引拔開始鉤織。以長針為例，桃紅色線一次引拔針上兩線圈，完成一針長針。

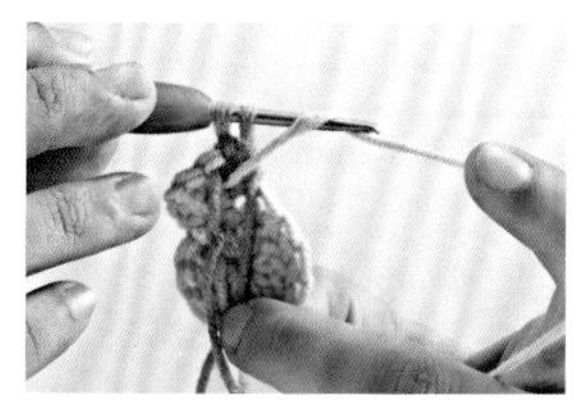

3 以換色的桃紅色線鉤織 2 長針加針，再次換線時，直接以原本的藍色線鉤織長針最後的引拔。（圖為織片背面的模樣）

4 依織圖以主色藍色鉤織 2 長針加針，再次換色時同樣以桃紅色線鉤織長針最後的引拔。（圖為織片背面的模樣）

5 完成一段的模樣（正面）。

收線

6 鉤針在換色線的旁邊穿入。

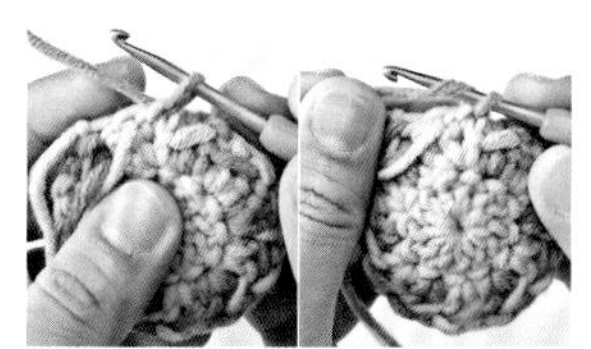

7 將換色線鉤入，如圖掛線鉤出，拉緊。

8 線頭穿針，藏於織片背面。

9 主色線頭穿入線圈後拉緊。

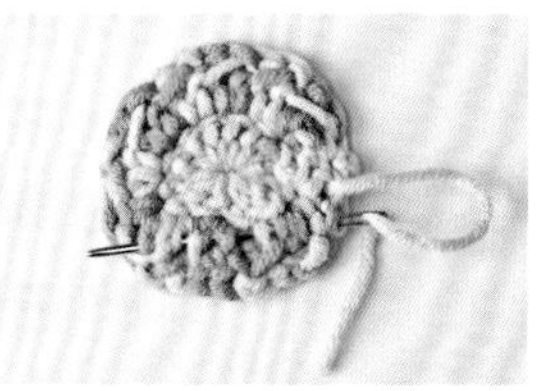

10 同樣穿針後藏於織片背面，最後將多餘線段剪掉即可。

11 收線完成的模樣（背面）。

12 收線完成的模樣（正面）。

娃娃頭髮作法

01・06・10的長髮髮套

作品「01青梅竹馬」、「06畢業嘍！」、「10我們結婚吧」的女生頭髮，是一邊鉤織髮套一邊夾入織線，作出長髮的頭套後，直接與頭部黏合即可。

1 依作法說明剪好線段備用，髮套從第2段開始夾入線段，2～4段都要，之後改隔段夾入（6、8、10……）。

2 鉤針穿入針目，準備鉤織短針，這時不掛織線，而是將長髮線段對摺，鉤出。

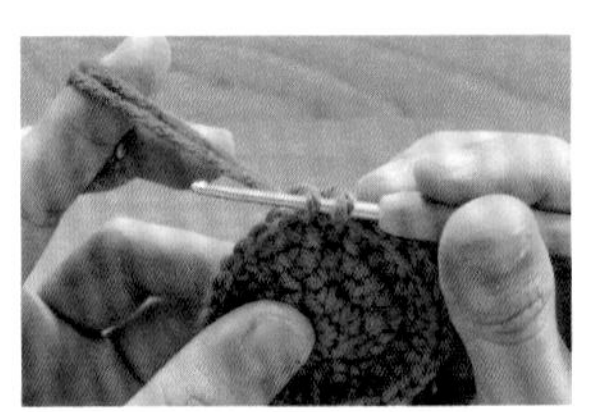

3 鉤出長髮線段（橘色線）的模樣。

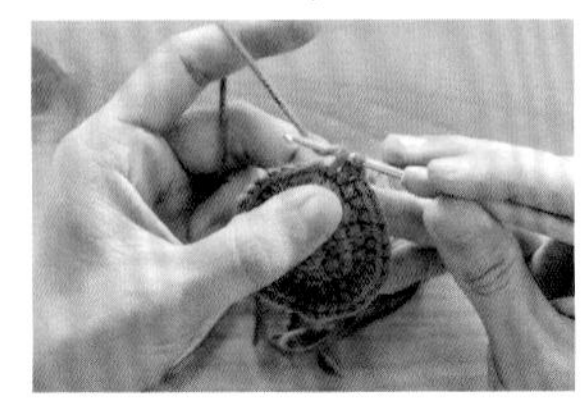

4 鉤針掛髮套織線，引拔針上2線圈，完成短針。

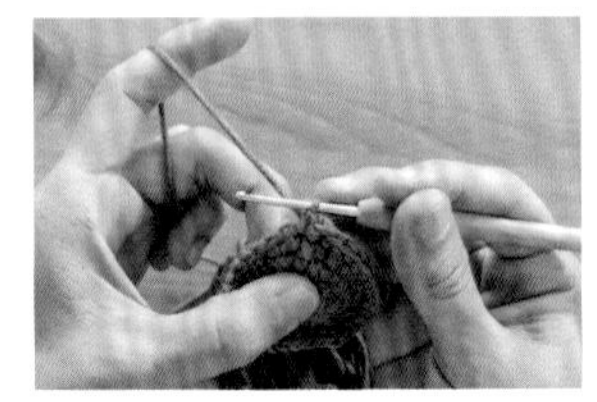

5 完成一針夾入長髮的短針。

6 接髮的段，每針都是夾入長髮的短針，依織圖完成髮套為止。

01青梅竹馬的後續步驟

咦，那個小學女生的頭髮特別柔柔亮亮欸？是的，因為她有作過特別護理唷！織完長髮髮套後，請繼續進行下列步驟，就能得到一頭柔順美髮。

1 完成一頂長髮髮套，將長髮毛線分股，再準備一支寵物用針梳。

2 使用針梳，用力刷開長髮部分的毛線。

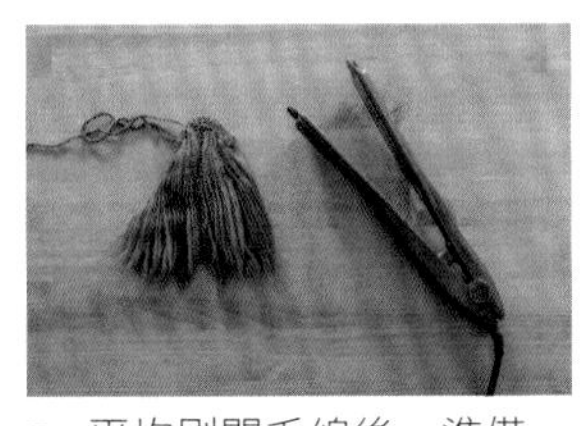

3 平均刷開毛線後，準備一支離子夾。

4 每次燙髮量如圖。

5 將刷開的毛線燙直，請小心使用離子夾，避免燙傷。

6 燙好的直髮就會像這樣柔順蓬鬆喔！

作品「02 海灣戲水趣」、「03 踏青趣」娃娃頭髮所使用的針法，可鉤出立體感的頭髮。

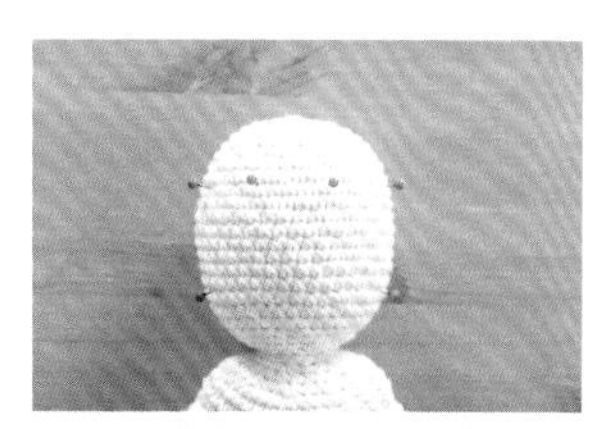

1 建議先以珠針標出鉤織範圍，方便挑針鉤織，範圍約頭部上方 2/3 即可。

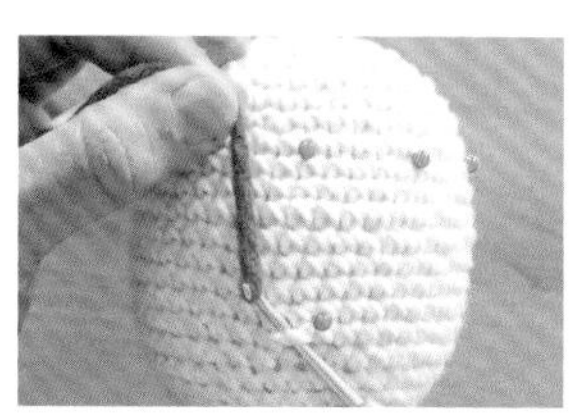

2 依作法說明剪好線段，取一條對摺。鉤針穿入針目，如圖勾住線段對摺處。

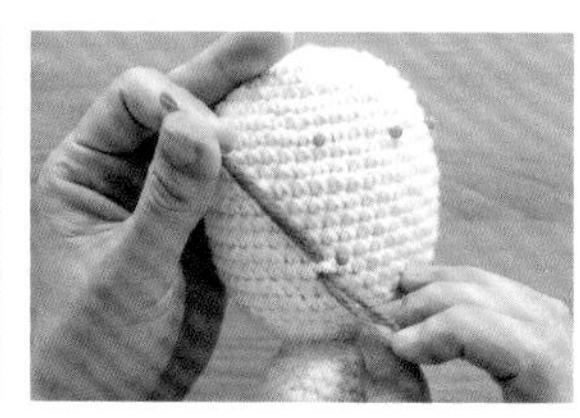

3 勾出一小段的模樣。

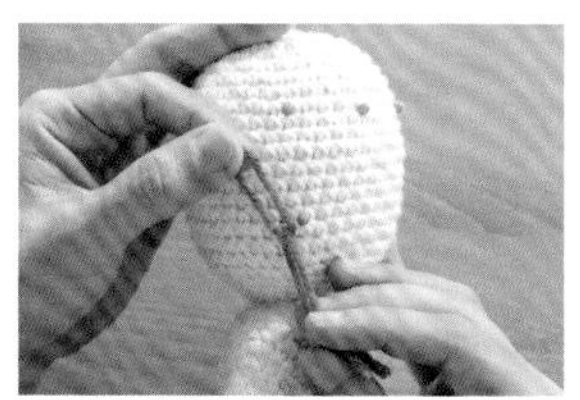

4 線段如圖示穿過線圈並拉緊。

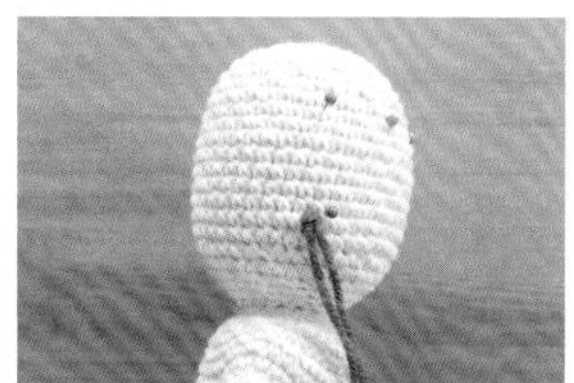

5 完成 1 針地毯鉤。

6 繼續在珠針標示的範圍內挑針織入頭髮。

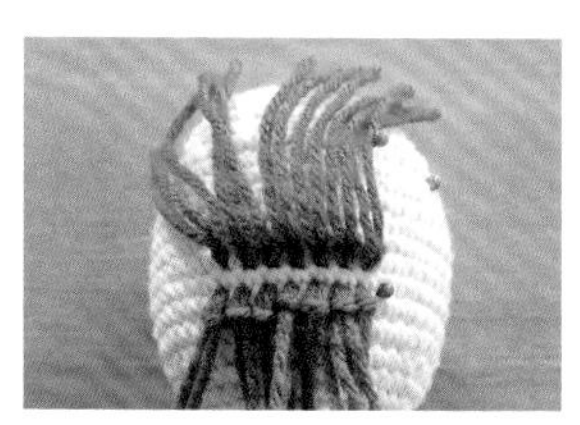

7 未避免頭髮太過密集而蓬起，隔段挑針即可。

8 將鉤好的毛線分股，製造捲髮般的蓬鬆感。

9 分股完成的模樣（下）。

10 完成活潑的髮型！

新燙的頭髮
好香嗎？

04 的髮片縫法

作品「04 歡度萬聖節」的女生娃娃頭髮，是直接將市售髮片縫於頭部。

1 市售髮片使用一般縫衣針與透明釣魚線縫合。

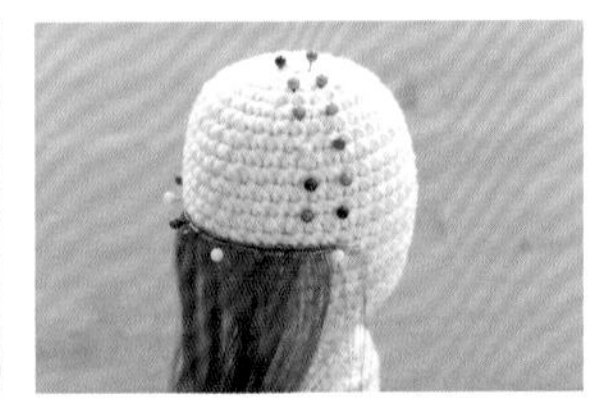

2 在頭部一半的部分，量好髮片長度剪下，以珠針固定。髮片如中央的珠針指示，隔排縫上即可。

3 縫針如圖入針，在髮片縫線的下方出針。

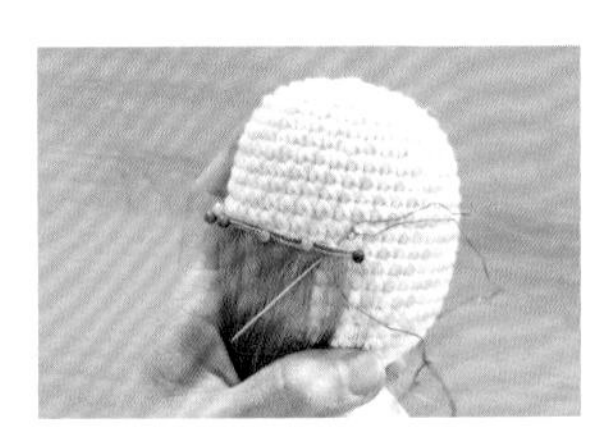

4 接著如圖從上方挑針，收緊縫線。

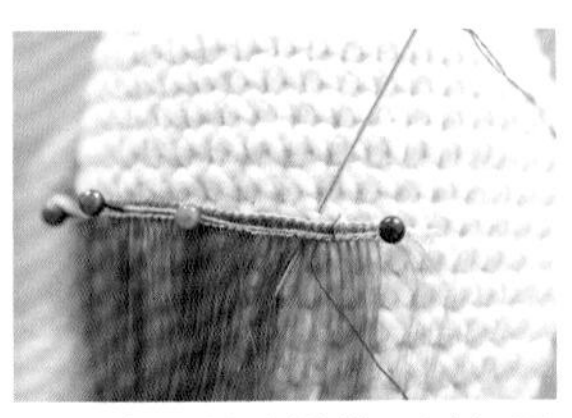

5 完成一針的模樣。以相同方式縫第 2 針。

6 繼續縫合直到髮片另一端。

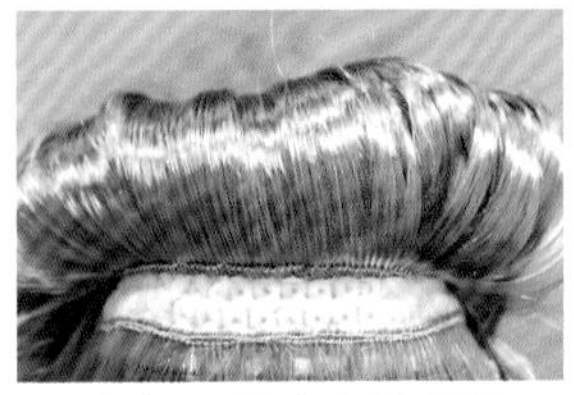

7 注意，髮片之間要隔一段，才不會變成爆炸頭喔！

07· 08 的髮束固定方法

作品「07 夢想之保衛家園」、「08 夢想之展翅天際」的娃娃頭髮，是作出一束束的髮束，再縫於頭部。

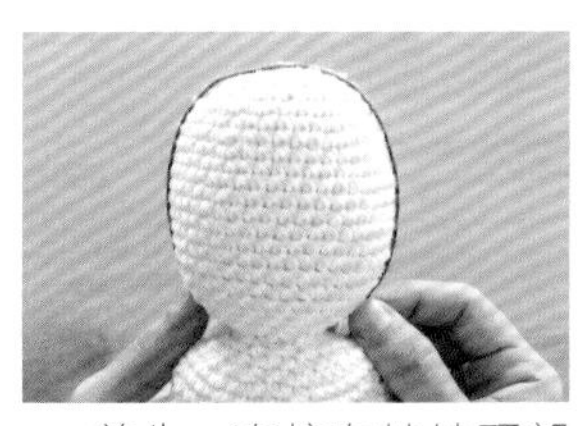

1 首先，直接在娃娃頭部測量頭髮長度，然後以此為基準。

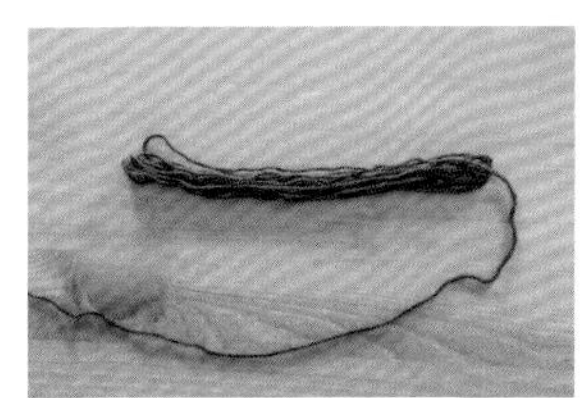

2 以步驟 1 的長度為基準，繞出 16 條一束的髮束。

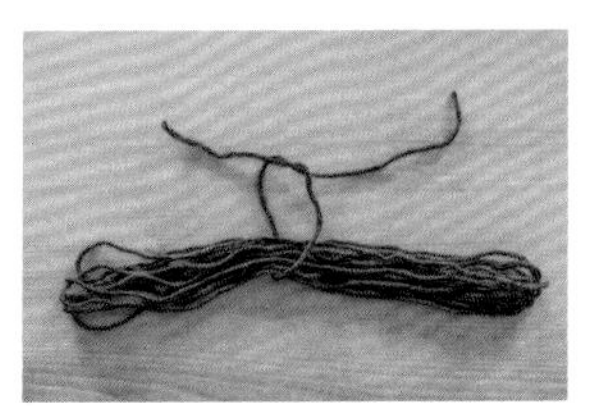

3 取同色線在髮束中央打結固定。

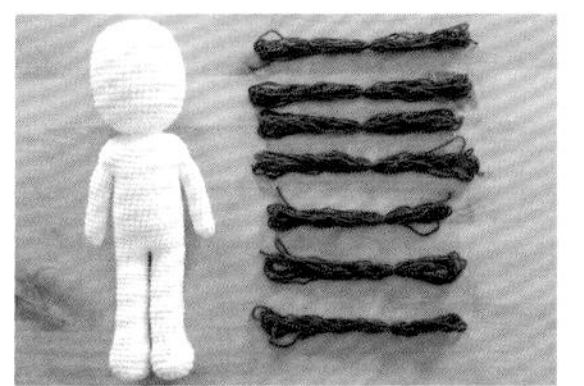

4 準備好娃娃與已完成的髮束。

5 髮束如圖，從頭頂往後橫排放置，中央與兩端皆以珠針暫時固定。

6 瀏海髮束放置方式，如圖中橘色線斜放，同樣以珠針固定。

7 毛線針穿線，如圖從臉部入針，在髮梢處出針。

8 毛線針穿入髮束對摺處。

9 穿過髮束後，如圖入針、收緊線，固定髮束。

10 固定髮束一端的模樣。

11 除額前瀏海以外，皆重複步驟 8 、 9 縫合，直到固定所有髮束。

12 額前瀏海不縫，可使用保麗龍膠固定局部。

13 完成的模樣。

HAPPY HOURS

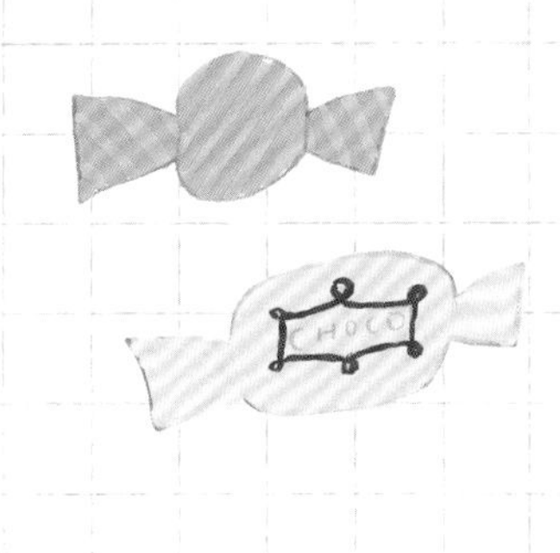

PART 3

一起來玩「偶」

How to make

全書共通

娃娃頭部織圖

段	針數	加減針
25	18	－6針
24	24	－6針
23	30	－6針
22	30	－6針
21	36	不加減
20	36	－6針
10~19	42	不加減
9	42	＋6針
8	36	不加減
7	36	＋6針
6	30	不加減
5	30	＋6針
4	24	＋6針
3	18	＋6針
2	12	＋6針
1	6	輪狀起針

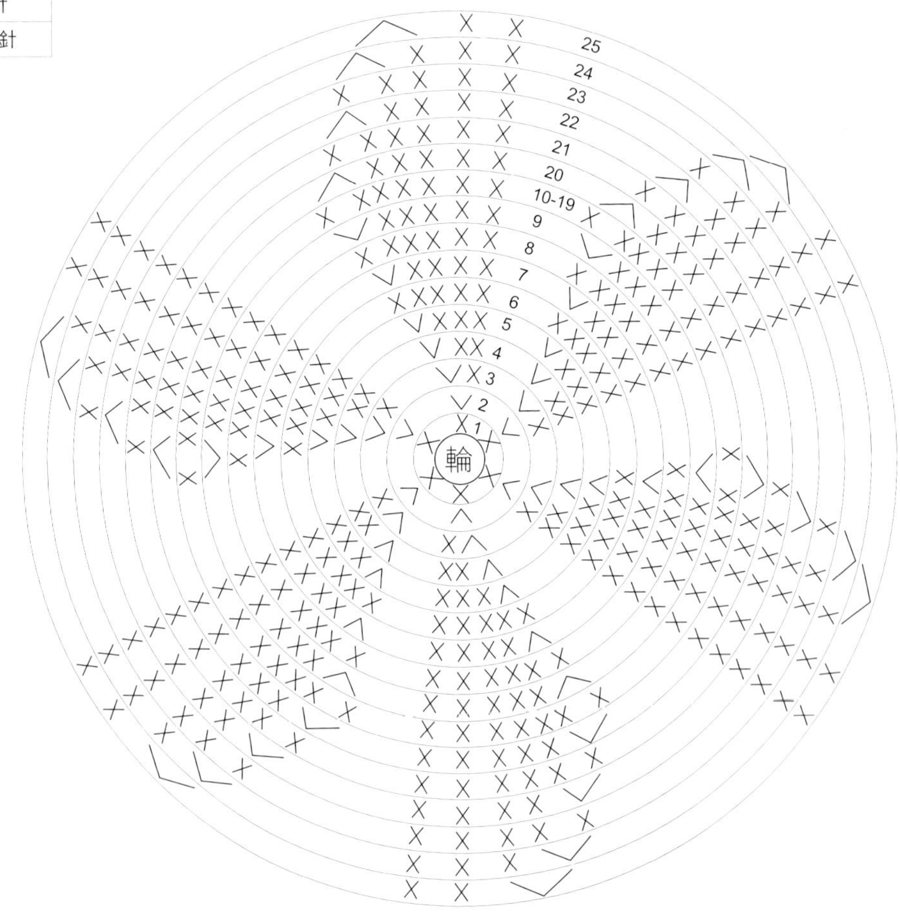

雙腳組合成身體的鉤織方法

本書娃娃是從腳開始往上鉤織，本頁以 02 海灣戲水趣的男生為例（其他娃娃皆同）。

首先依織圖鉤織雙腳，一隻腳剪線收針，一隻腳不剪線，稍後合併兩腳繼續鉤織身體。，如中央圖示將雙腳併攏，在雙腳上不加減針鉤織，將雙腳針目合併，即完成身體的第 1 段＝ 26 段＝紅色針目。

身體織圖
第 26 段由雙腳合併鉤織而成，
詳見下方示意圖紅色針目。

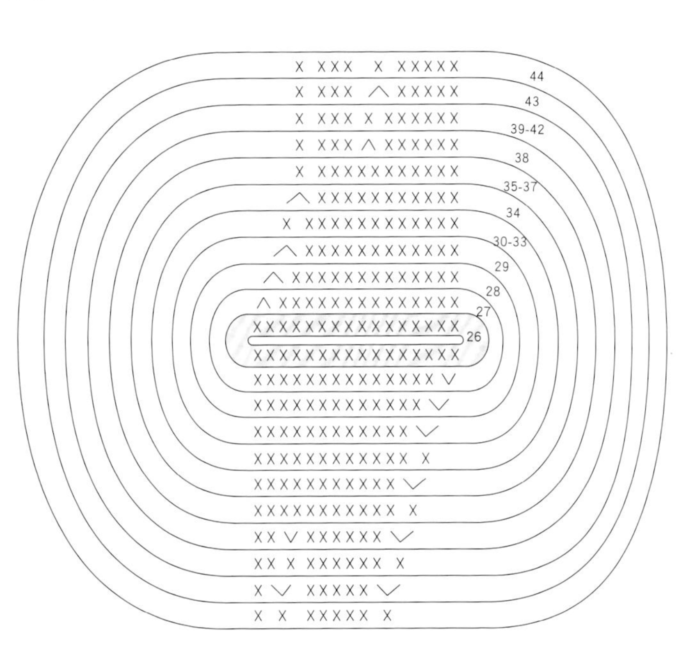

如圖示將雙腳併攏，
不加減針挑針一圈，
接合成第 26 段的身體
（紅色針目）。

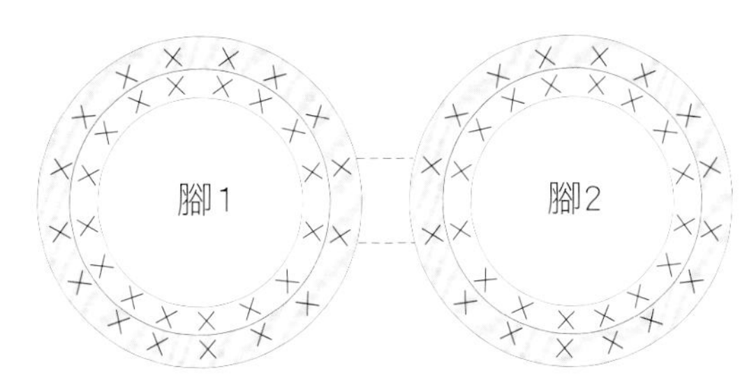

鉤織兩隻腳

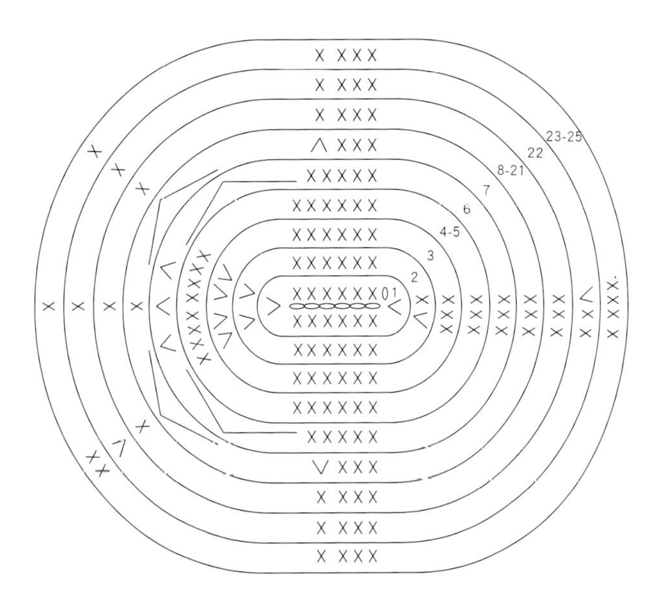

海灣戲水趣

男生 沙灘球

第 3 段至第 13 段依織圖標示共換六色：黃色、橘色、靛色、水藍色、紅色、綠色，或依個人喜好配色。

段	針數	加減針	顏色
15	6	－ 6 針	白
14	12	－ 6 針	
13	18	－ 6 針	每 3 針換色
12	24	－ 6 針	每 4 針換色
11	30	－ 6 針	每 5 針換色
7 ～ 10	36	不加減	每 6 針換色
6	36	＋ 6 針	
5	30	＋ 6 針	每 5 針換色
4	24	＋ 6 針	每 4 針換色
3	18	＋ 6 針	每 3 針換色
2	12	＋ 6 針	白
1	6	輪狀起針	

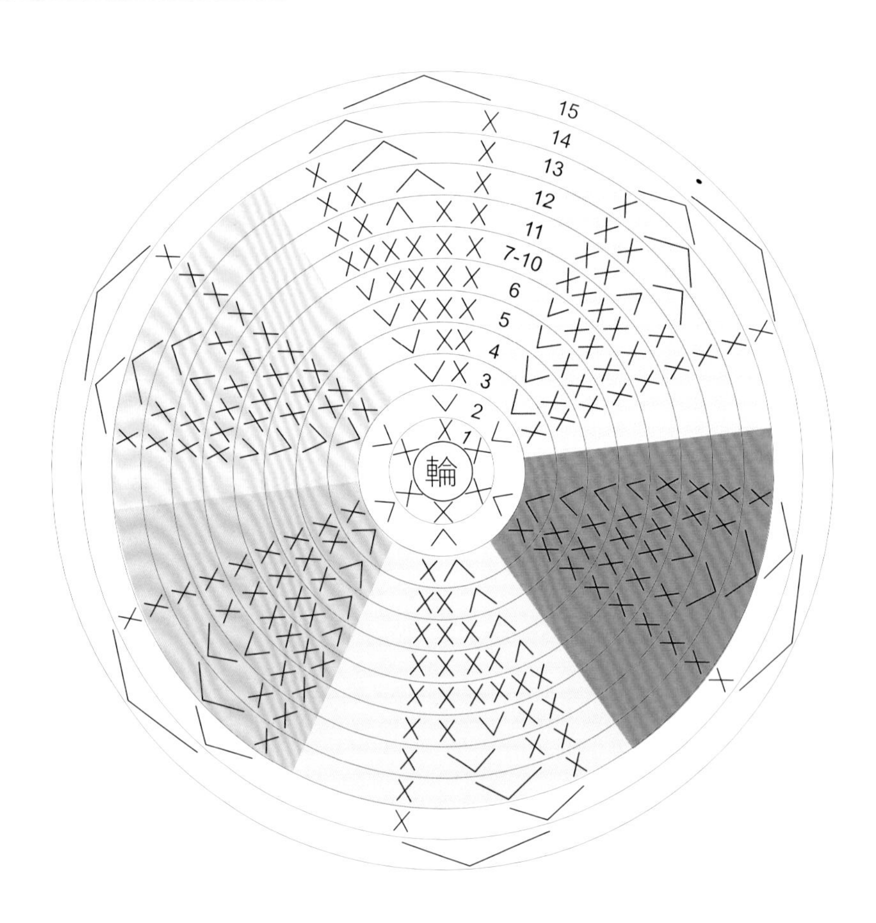

歡度萬聖節

男生 南瓜裝

第1段是直接在娃娃身體第45段的右側，挑畝針的另一條線鉤織短針，往下襬鉤織南瓜裝（鉤織時腳朝上）。依織圖一邊加減針，一邊換色線作出表情。第17至20段交錯鉤織短針和爆米花針。

段	針數	加減針
20	35	不加減（爆米花針・短針）
19	35	不加減（短針・爆米花針）
18	35	不加減（爆米花針・短針）
17	35	不加減（短針・爆米花針）
16	35	不加減
15	35	－5針
3～14	40	不加減
2	40	＋10針
1	30	＋12針

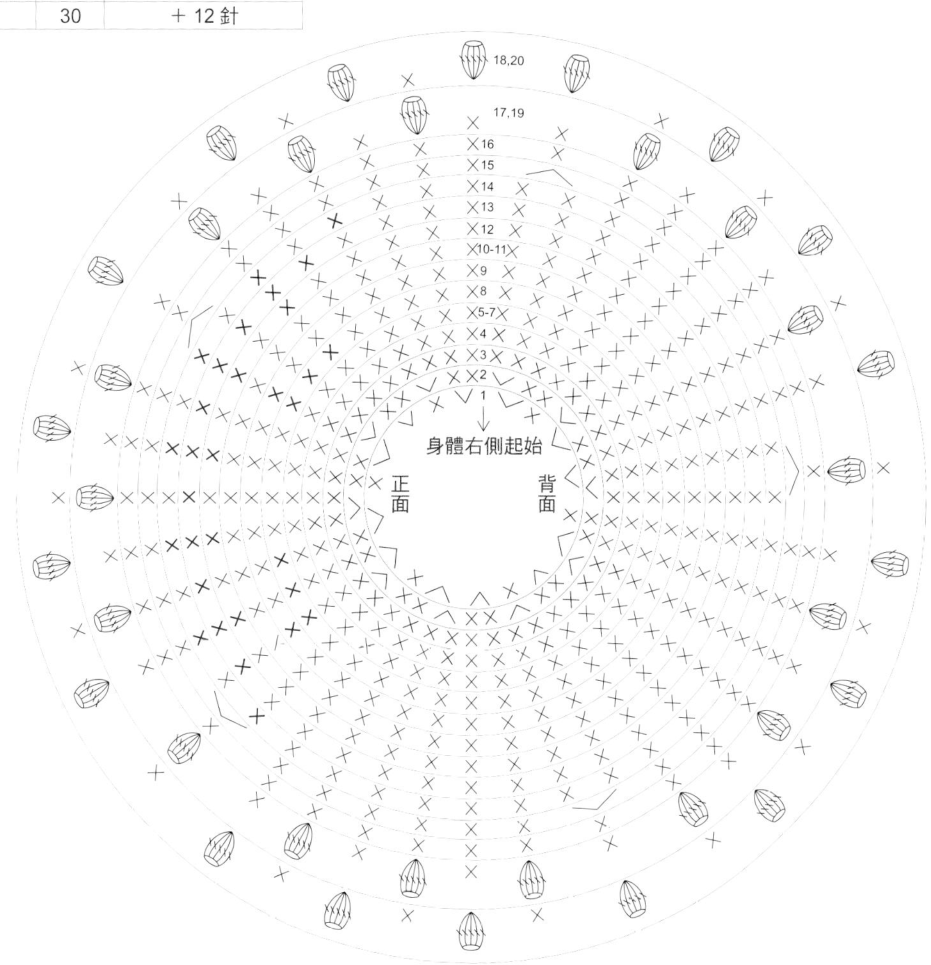

1. 青梅竹馬

線材

貝碧嘉／膚色（35）、橘色（05）、白色（01）、深藍色（58）、桃紅色（33）、墨綠色（24）、咖啡色（26）、水藍色（09）

工具

5/0 號鉤針．毛線針

作法

鎖針起針，由鞋底開始往上鉤織。接著依織圖鉤織 2 個相同的腳，至第 30 段剪線。將雙腳合併，繼續往上鉤身體，最後縫合頭部與手即可。接著直接在娃娃的脖子處挑針，往下鉤織白色制服上衣。製作頭髮，裝上眼睛，皆以保麗龍膠黏合固定。戴上鉤織完成的帽子、書包，在女生臉頰撲上腮紅，完成！

共用織圖 頭 1 個（膚）

織圖請見 P.52。

共用織圖 鞋子 1 雙

段	針數	加減針	顏色
7	21	－ 3 針	桃紅（女） 水藍（男）
6	24	－ 2 針	
5	26	不加減	
4	26	不加減，畝針	
3	26	＋ 4 針	
2	22	＋ 6 針	
1	16	短針 16 針	
起針	7	鎖針起針	

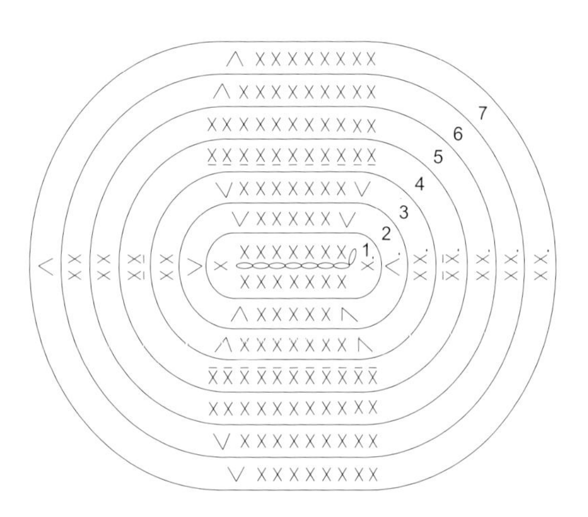

共用織圖 書包（墨綠）

鎖針起針 12 針，依織圖輪狀鉤織 1 ～ 10 段，第 2 段鉤畝針。第 11 段開始只鉤 12 針的往復編，鉤至 19 段為止。最後鉤 40 針鎖針至另一側，作為背帶。

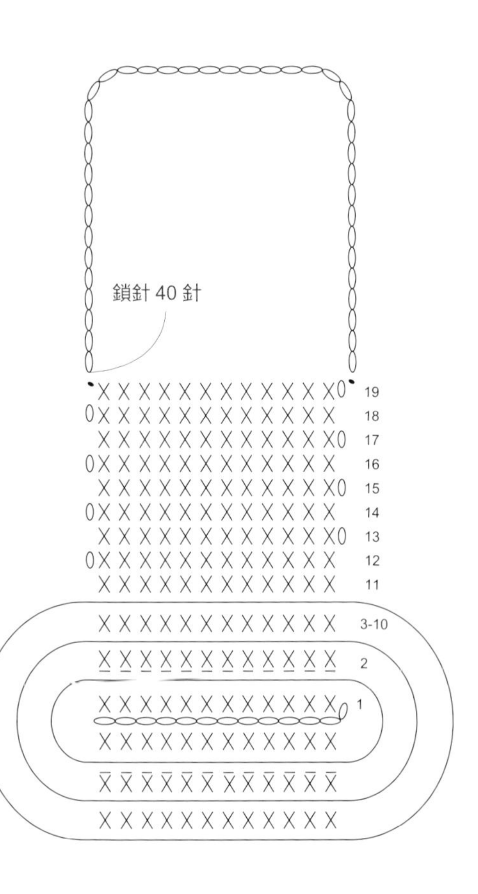

共用織圖 帽子（橘色）

段	針數	加減針
19	72	＋6針
18	66	＋6針
17	60	＋6針
16	54	＋6針
15	48	不加減，畝針
9～14	48	不加減
8	48	＋6針
7	42	＋6針
6	36	＋6針
5	30	＋6針
4	24	＋6針
3	18	＋6針
2	12	＋6針
1	6	輪狀起針

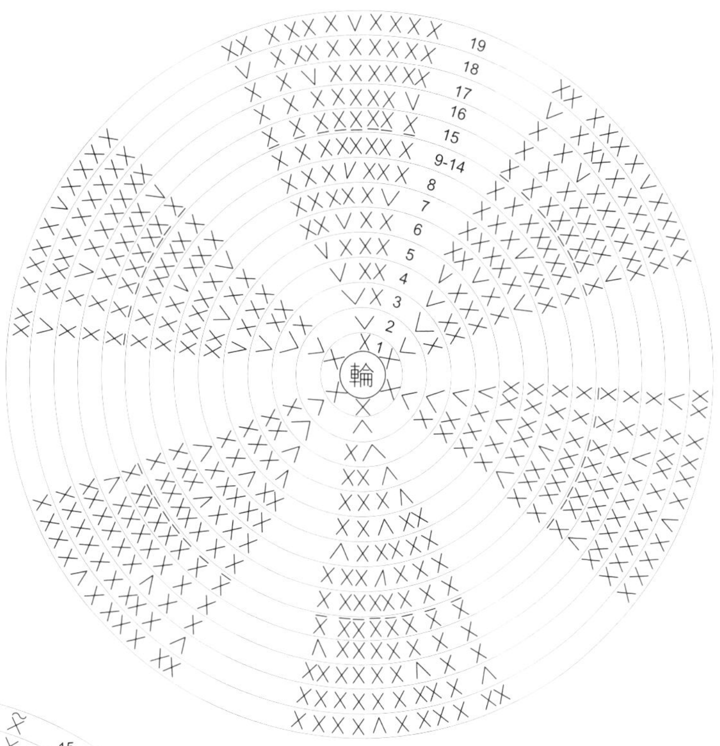

共用織圖 衣服（白色）

上衣的第一段是直接在娃娃身體上挑針鉤織。
女生：挑身體43段另一條線鉤織。
男生：挑身體44段另一條線鉤織。

段	針數	加減針
15	36	不加減，逆短針
12～14	36	不加減
11	36	＋2針
9～10	34	不加減
8	34	＋2針
7	32	不加減
6	32	＋4針
5	28	＋4針
4	24	不加減
3	24	＋3針
2	21	＋3針
1	18	不加減，腳朝外

共用織圖 手2隻

段	針數	加減針	顏色
15～17	8	不加減	白
8～14	8	不加減	膚
7	8	－2針	
6	10	不加減	
5	10	不加減	
3～4	10	不加減	
2	10	＋5針	
1	5	輪狀起針	

※第5段第2針鉤爆米花針。

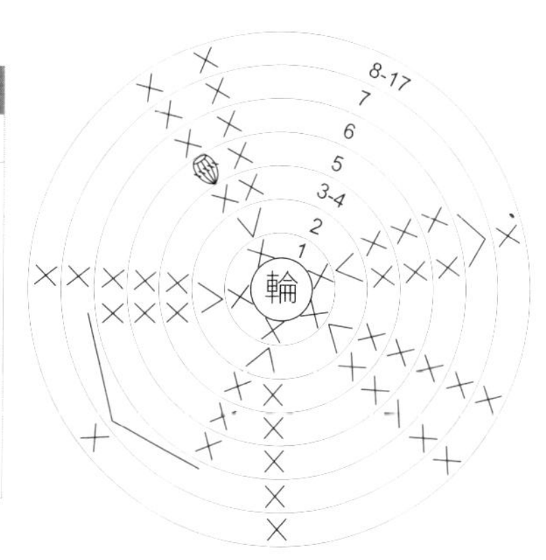

女生 裙子（深藍）

第一段是直接在娃娃身體上的第36段，挑另一條線鉤織。

段	針數	加減針
6	30	不加減，中長針
5	30	－6針，中長針
4	36	不加減，中長針
3	36	＋6針，中長針
2	30	＋6針，中長針
1	24	不加減

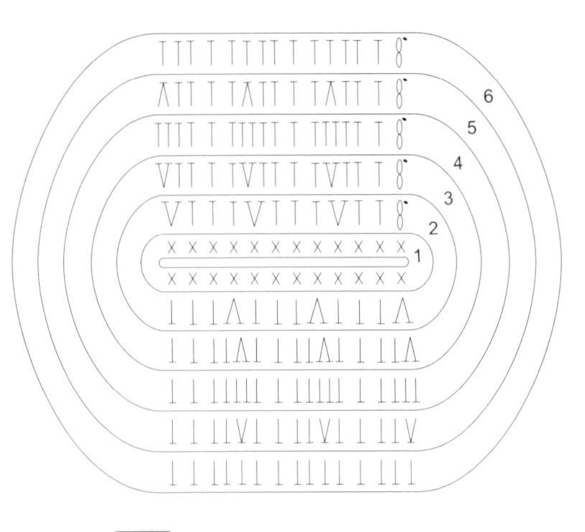

女生 頭髮（咖啡色）

將咖啡色剪成約35cm的線段備用。作法請參照P.46。

身

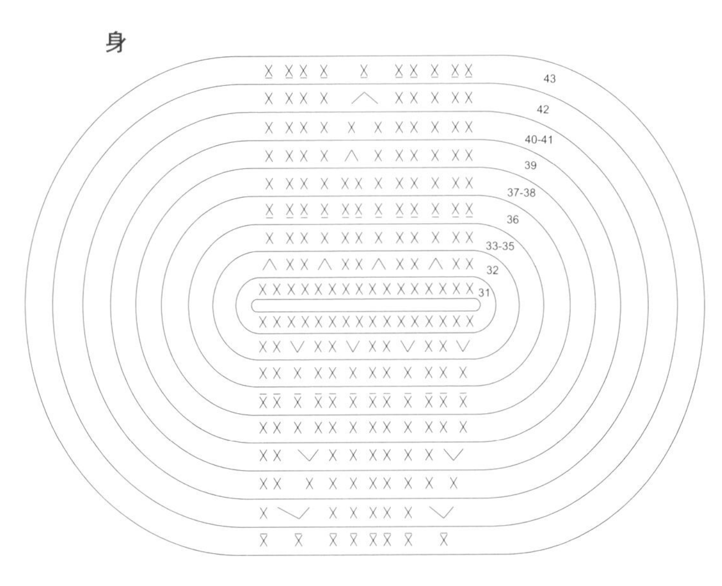

腳

女生 腳+身1組

部位	段	針數	加減針	顏色
身體 1個	43	18	不加減，畝針	膚
	42	18	－3針	
	40～41	21	不加減	
	39	21	－3針	
	37～38	24	不加減	
	36	24	不加減，畝針	
	33～35	24	不加減	
	32	24	－8針	
	31	32	合併雙腳，不加減	
腳 2個	27～30	16	不加減	
	26	16	＋2針	
	21～25	14	不加減	
	20	14	不加減，畝針	
	9～19	14	不加減	白
	8	14	－2針	
	7	16	－2針	
	6	18	－6針	
	4～5	24	不加減	
	3	24	＋4針	
	2	20	＋6針	
	1	14	短針14針	
	起針	6	鎖針起針	

※在第20段畝針的另一條線上，以白色線鉤中長針，
作出襪子反摺的模樣。

男生 腳+身1組

部位	段	針數	加減針	顏色
身體 1個	44	18	不加減，畝針	膚
	43	18	－3針	
	40～42	21	不加減	
	39	21	－3針	
	33～38	24	不加減	
	32	24	－12針	深藍
	31	36	合併雙腳，不加減	
腳 2個	26～30	18	不加減	
	25	18	＋4針，畝針	
	21～24	14	不加減	白
	20	14	不加減，畝針	
	9～19	14	不加減	
	8	14	－2針	
	7	16	－2針	
	6	18	－6針	
	4～5	24	不加減	
	3	24	＋4針	
	2	20	＋6針	
	1	14	短針14針	
	起針	6	鎖針起針	

※在第20段畝針的另一條線上，以白色線鉤中長針，作出襪子反摺的模樣。

※在第25段畝針的另一條線上，以深藍色線鉤織18針短針，加針方式同腳25段，作出褲管模樣。

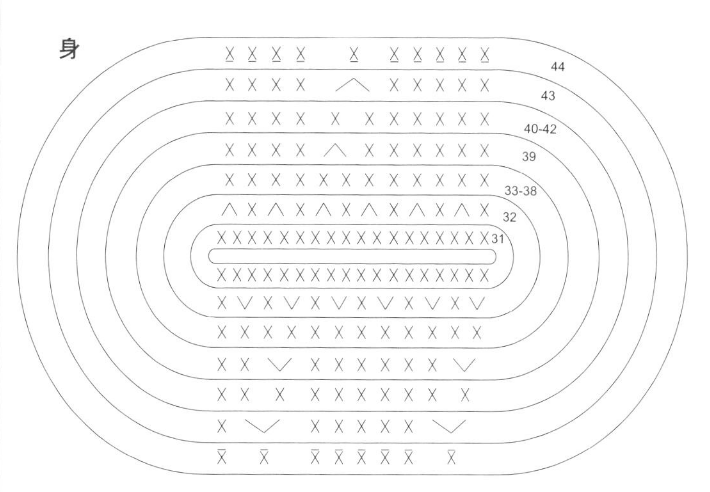

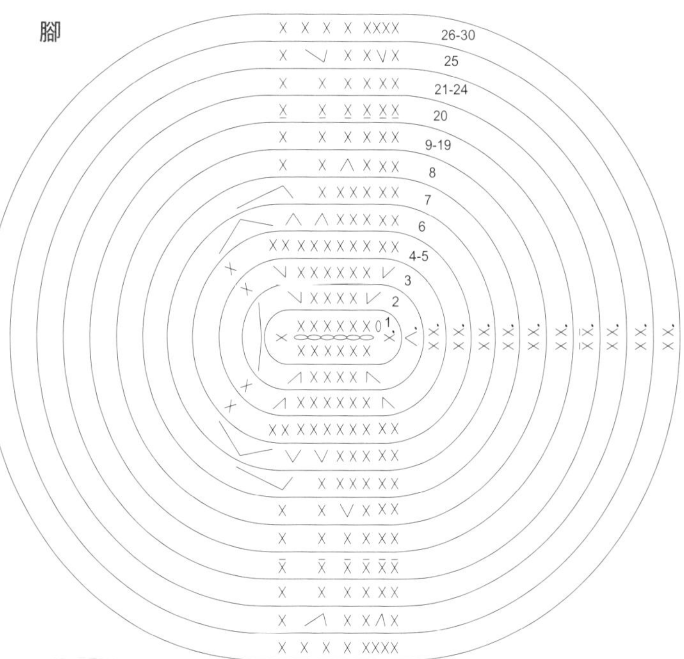

男生 頭髮（咖啡色）

段	針數	加減針
19	29	僅鉤29針
18	54	＋12針，依織圖鉤織短針、中長針、長針
8～17	42	不加減
7	42	＋6針
6	36	＋6針
5	30	＋6針
4	24	＋6針
3	18	＋6針
2	12	＋6針
1	6	輪狀起針

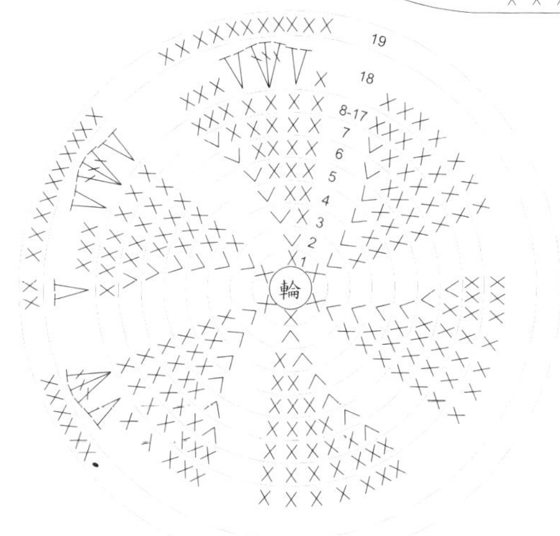

P.12

2. 海灣戲水趣

線材

貝碧嘉／深膚色（19）、黃色（04）、白色（01）、紅色（14）、黑色（18）、綠色（25）、水藍色（10）、紫色（28）、橘色（05）

工具

5/0號鉤針．毛線針

作法

鎖針起針，由腳底開始往上鉤織。依織圖鉤織2個相同的腳，女生至第23段剪線，男生至第25段剪線。將雙腳合併，繼續往上鉤身體，最後縫合頭部與手即可（女生泳圈需於縫合前套入）。裝上眼睛，以保麗龍膠固定，並且在娃娃頭部以地毯針鉤入男、女生頭髮，完成！

共用織圖 頭（深膚）

織圖請見P.52。

共用織圖 手2隻（深膚）

段	針數	加減針
8～19（男生）	8	不加減
8～18（女生）	8	不加減
7	8	－2針
6	10	不加減
5	10	不加減
3～4	10	不加減
2	10	＋5針
1	5	輪狀起針

※第5段第2針鉤爆米花針。

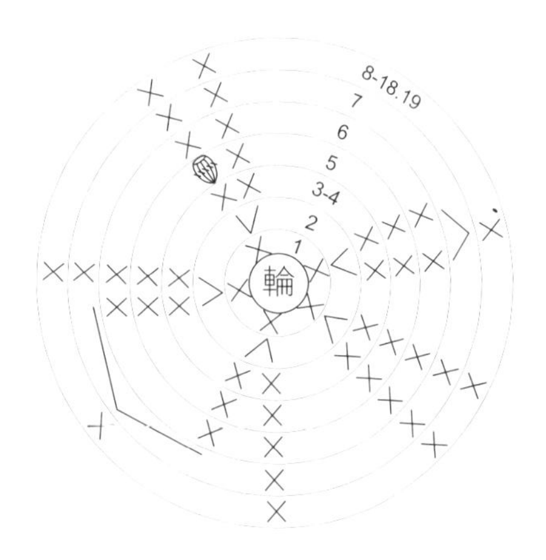

女生 腳+身1組

部位	段	針數	加減針	顏色
身體1個	44	18	不加減	深膚
	43	18	－3針	
	42	21	不加減	
	41	21	－3針	
	40	24	－2針	黃（泳衣）
	38～39	26	不加減	
	37	26	＋2針	
	36	24	＋2針	
	33～35	22	不加減	深膚
	32	22	－2針	
	30～31	24	不加減	
	29	24	－2針	
	28	26	不加減	
	27	26	－2針	黃（泳褲）
	26	28	－2針	
	25	30	－2針	
	24	32	合併雙腳，不加減	
腳2個	23	16	不加減	深膚
	22	16	不加減	
	21	16	＋2針	
	8～20	14	不加減	
	7	14	－4針	
	6	18	－5針	
	4～5	23	不加減	
	3	23	＋4針	
	2	19	＋3針	
	1	16	短針16針	
	起針	6	鎖針起針	

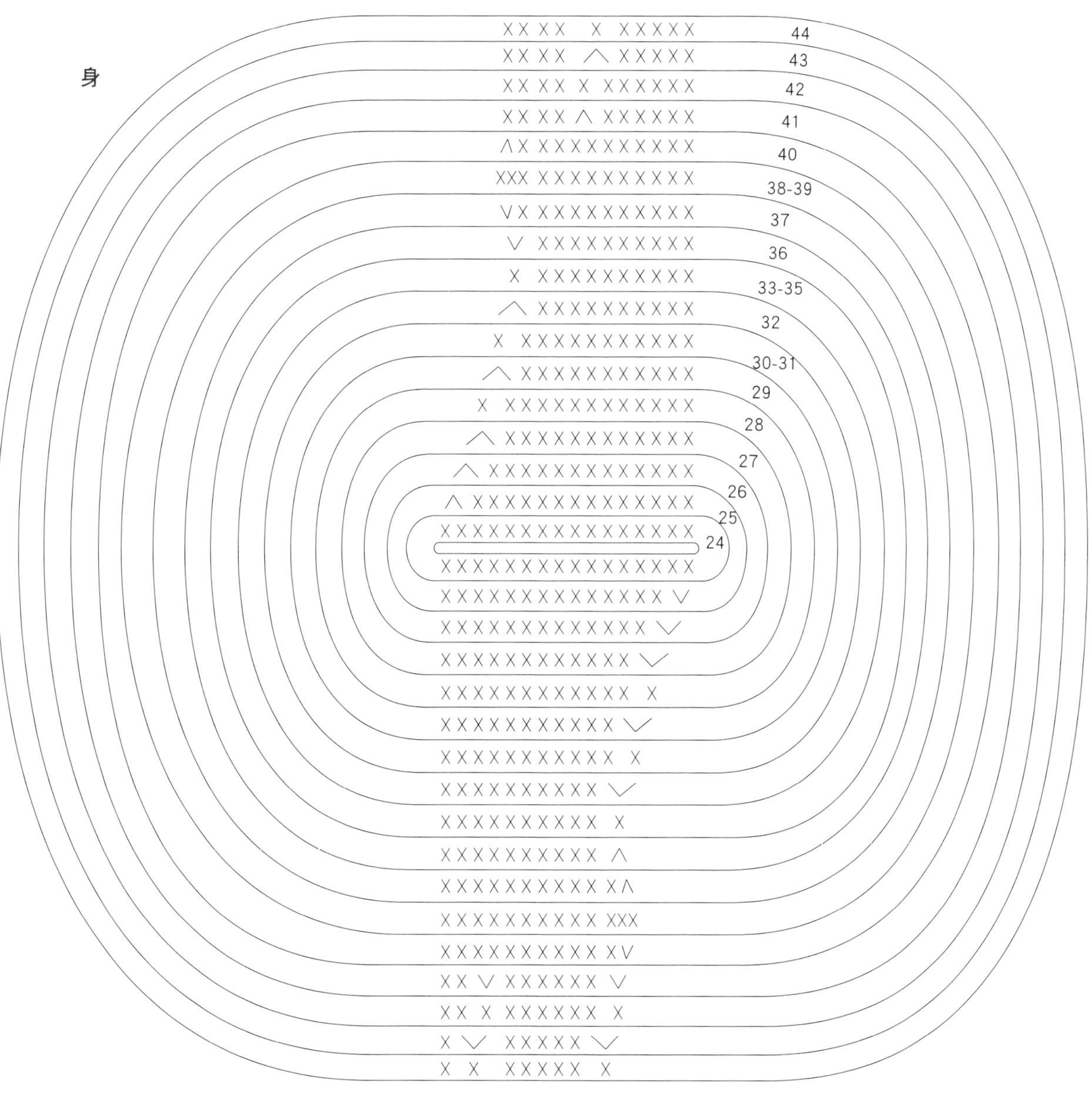
身
44
43
42
41
40
38-39
37
36
33-35
32
30-31
29
28
27
26
25
24

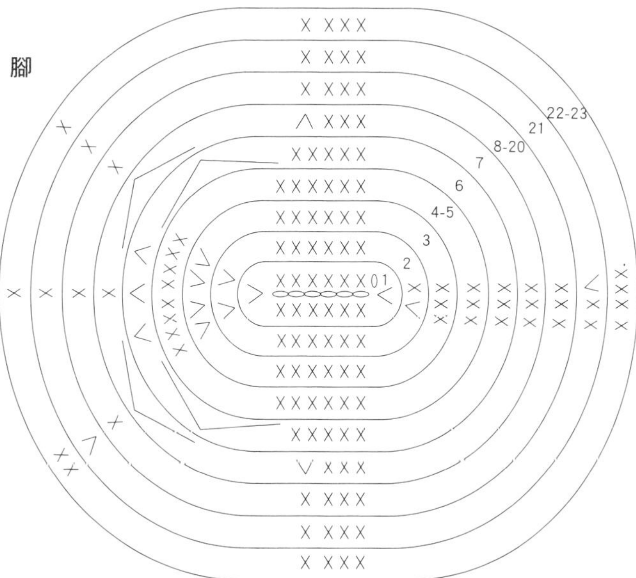
腳
22-23
21
8-20
7
6
4-5
3
2
1
0

女生 頭髮（黑色）

將黑色毛線剪成約38cm的線段備用。
作法請參照P.47。

女生 泳圈（請在縫合頭部前套入身體）

鎖針起針10針，頭尾引拔成圈。鉤1鎖針作為立起針後，開始輪狀鉤織短針。每6段換一次色線，鉤織48段後，塞入棉花，縫合起針段與收針段。

段	針數	加減針	顏色
43～48	10	不加減	紅
37～42	10	不加減	白
31～36	10	不加減	紅
25～30	10	不加減	白
19～24	10	不加減	紅
13～18	10	不加減	白
7～12	10	不加減	紅
1～6	10	短針10針	白
起針	10	鎖針起針	白

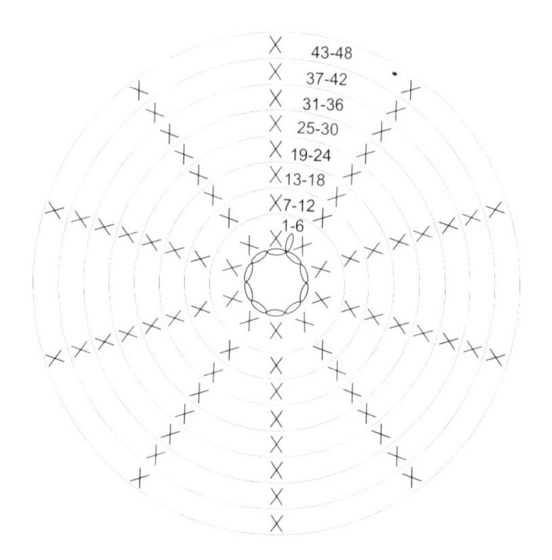

男生 頭髮（黑色）

將黑色毛線剪成約12cm的線段備用。作法請參照P.47。

男生 沙灘球

織圖請見P.54。

男生 腳+身1組

部位	段	針數	加減針	顏色
身體1個	44	18	不加減	深膚
	43	18	－3針	
	39～42	21	不加減	
	38	21	－3針	
	35～37	24	不加減	
	34	24	－2針	
	30～33	26	不加減	綠（泳褲）
	29	26	－2針	
	28	28	－2針	
	27	30	－2針	
	26	32	合併雙腳，不加減	
腳2個	23～25	16	不加減	深膚
	22	16	＋2針	
	8～21	14	不加減	
	7	14	－4針	
	6	18	－5針	
	4～5	23	不加減	
	3	23	＋4針	
	2	19	＋3針	
	1	16	短針16針	
	起針	6	鎖針起針	

腳

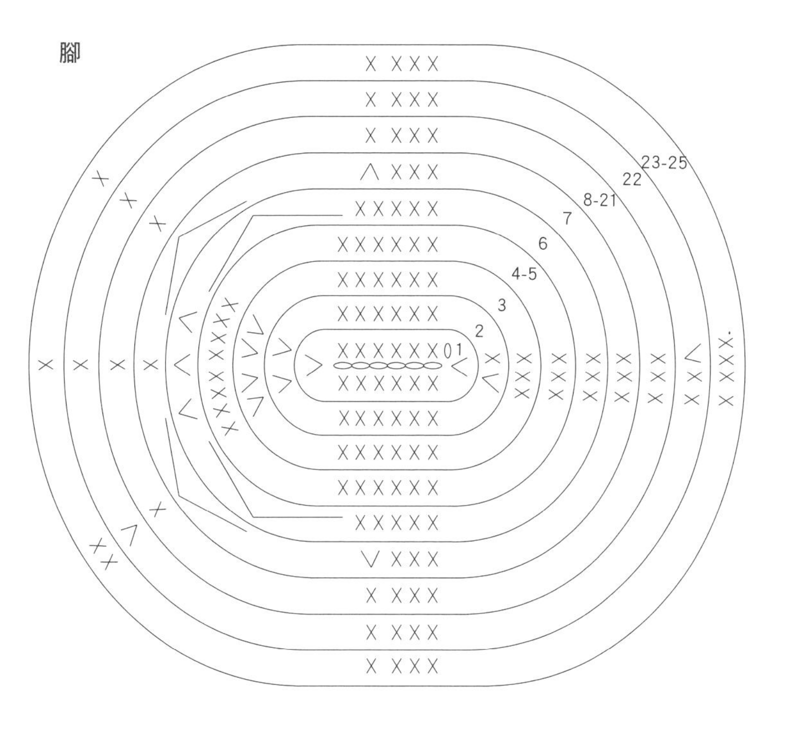

身

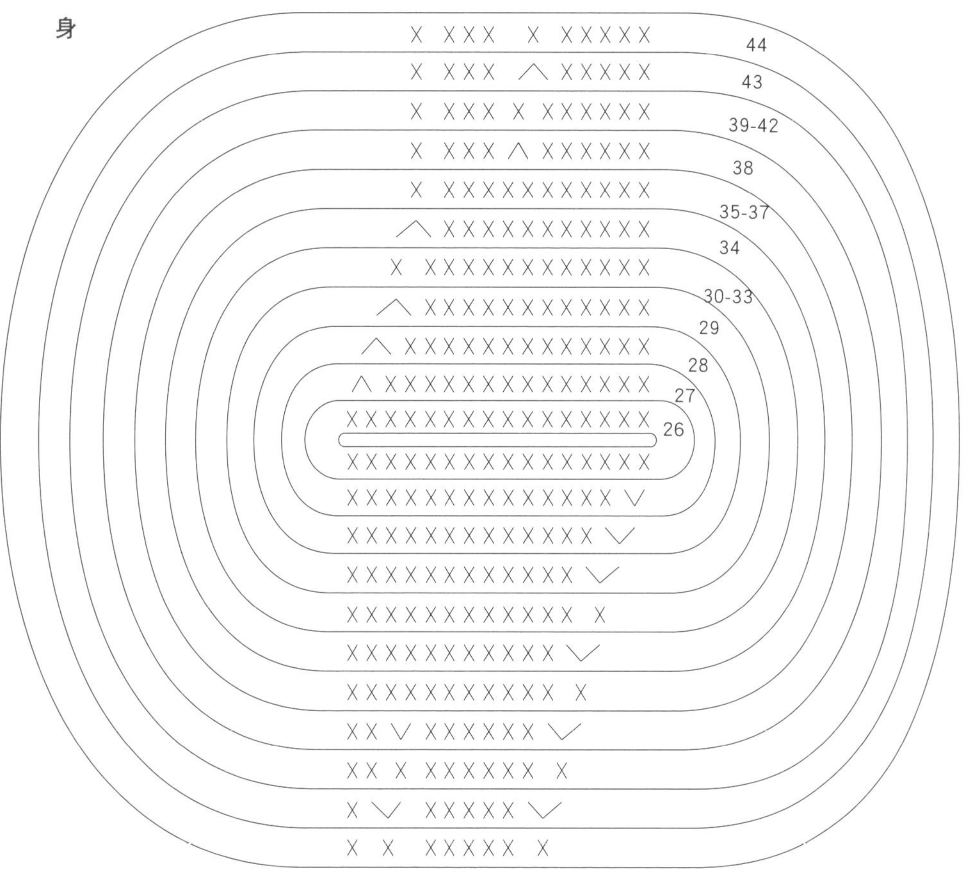

P.14

3. 踏青趣

線材

貝碧嘉／膚色（35）、橘色（05）、芥末黃（27）、淺黃色（03）、土黃（37）、芥末綠（07），摩卡（21），黃色（54），極太紗／紅棕色（2531）、咖啡色（2511）

工具

5/0號鉤針．毛線針

作法

鎖針起針，由腳底開始往上鉤織。依織圖鉤織2個相同的腳，至第28段剪線。女生剪線後直接合併雙腳繼續往上鉤織身體，先鉤織衣服套上，再縫合頭、手；接著在身體上挑針，鉤織裙襬。男生則是先鉤褲管，雙腳塞入棉花後，套上褲管，再合併雙腳鉤織身體，在身體上挑針，鉤織衣襬，再縫合頭、手。裝上眼睛，以保麗龍膠固定，並且在娃娃頭部以地毯針鉤入男、女生頭髮，完成！

共用織圖 頭1個（膚）

織圖請見P.52。

共用織圖 手2隻

段	針數	加減針	顏色
14～18（男生）	8	不加減	摩卡
14～16（女生）	8	不加減	摩卡
8～13	8	不加減	膚
7	8	−2針	
6	10	不加減	
5	10	不加減	
3～4	10	不加減	
2	10	＋5針	
1	5	輪狀起針	

※第5段第2針鉤爆米花針。

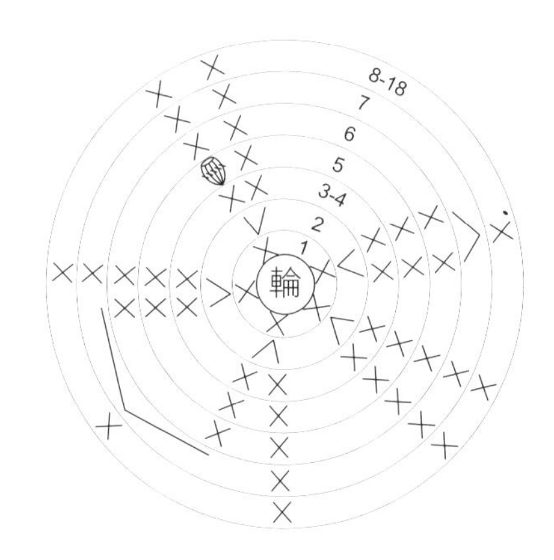

男生 褲管2個（土黃）

段	針數	加減針
7～11	18	不加減
6	18	−2針
2～5	20	不加減
1	20	短針20針
起針	20	鎖針起針，頭尾引拔成圈。

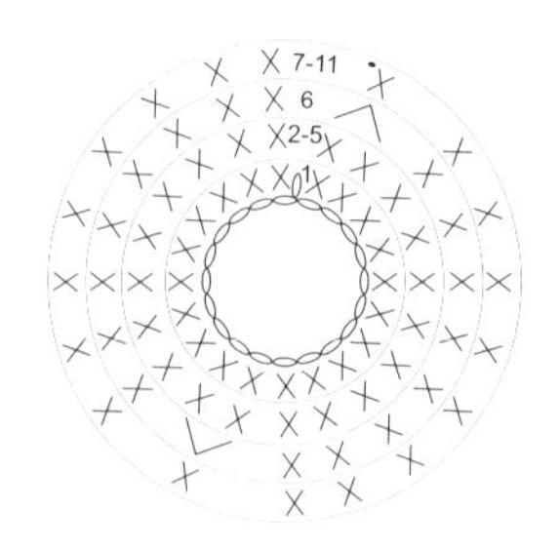

男生 腳2隻（膚色）

段	針數	加減針
9～28	14	不加減
8	14	－2針
7	16	－2針
6	18	－6針
4～5	24	不加減
3	24	＋5針
2	19	＋5針
1	14	短針14針
起針	7	鎖針起針

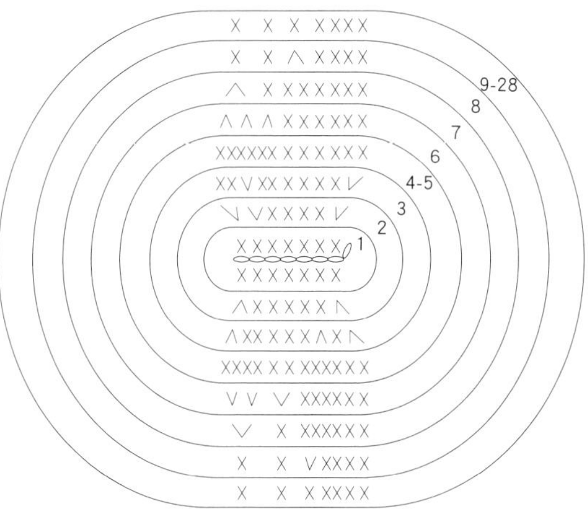

男生 身體

完成雙腳與褲管之後，雙腳塞入棉花，套上褲管，接下來合併雙腳鉤織身體。鉤織身體的第1段時（接續褲管直接鉤織），鉤針要同時穿入腳＆褲管的針目，將四個零件組合在一起。最後在身體上鉤織衣襬，取淺黃色線，挑第5段畝針的另一條線，鉤織一圈短針即可。

段	針數	加減針	顏色
16	18	－2針	摩卡
15	20	－2針	
14	22	不加減	
13	22	－2針	黃
11～12	24	不加減	
10	24	－2針	摩卡
9	26	不加減	
8	28	－2針	
6～7	30	不加減	黃
5	30	不加減，畝針	
4	30	－2針	
3	32	－2針	土黃
2	34	－2針	
1	36	合併雙腳＆褲管，不加減	

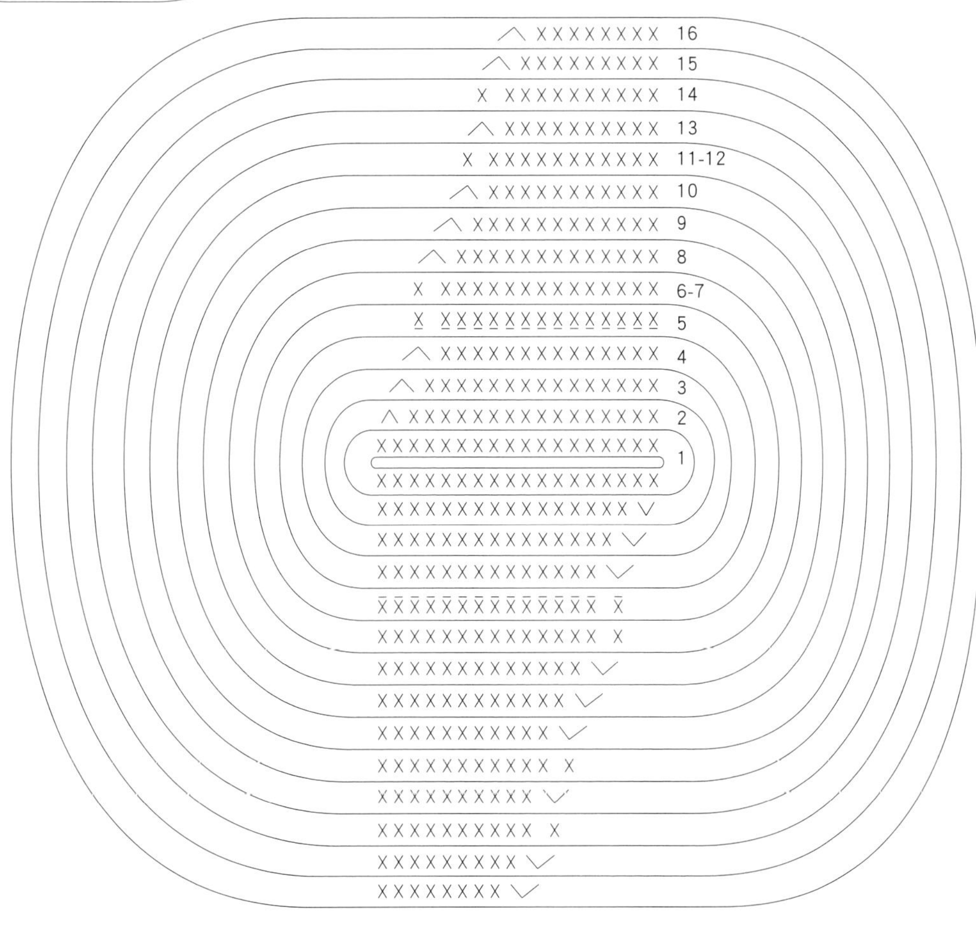

女生 腳+身1組

部位	段	針數	加減針	顏色
身體 1個	44	18	－2針	膚
	43	20	－2針	
	42	22	不加減	
	41	22	－2針	
	40	24	不加減	
	39	24	－2針	
	38	26	不加減	
	37	26	－2針	
	36	28	不加減，畝針	橘
	35	28	不加減	
	34	28	不加減，畝針	淺黃
	33	28	不加減	
	32	28	不加減，畝針	橘
	30～31	28	不加減	
	29	28	合併雙腳，不加減	
腳 2個	27～28	14	不加減	膚
	9～26	14	不加減	
	8	14	－2針	
	7	16	－2針	
	6	18	－6針	
	4～5	24	不加減	
	3	24	＋5針	
	2	19	＋5針	
	1	14	短針14針	
	起針	7	鎖針起針	

腳

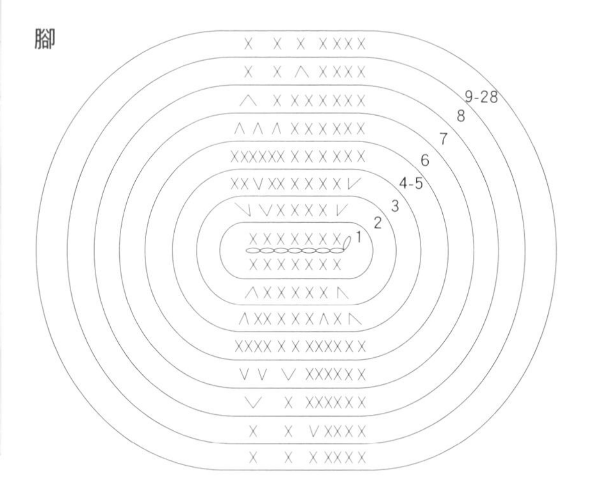

身

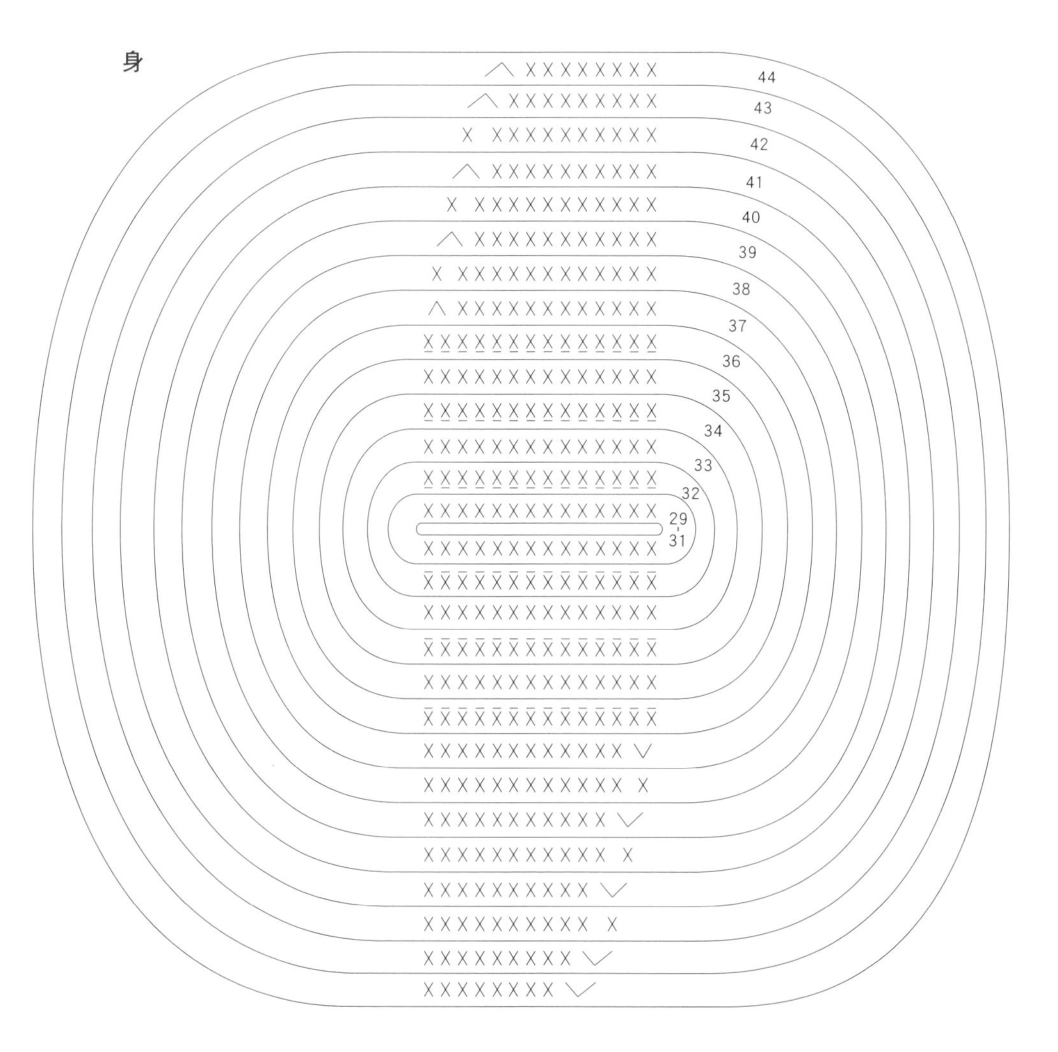

女生 上衣（淺褐）

鎖針起針30針，不加減針鉤織至第7段，第8段依織圖加2針，再繼續鉤至第10段。完成後先縫合側邊，套在娃娃身上，再縫合頭、手。

10 → / 8 → / 6 → / 4 → / 2 →

← 9 / ← 7 / ← 5 / ← 3 / ← 1

起針處
鎖針30針

女生 頭髮（極太紗紅棕色）

將極太紗紅棕色毛線剪成約8～12cm的線段備用。
作法請參照P.47。

女生 裙襬

直接在娃娃身體上挑畝針的另一條線鉤織長針，依織圖加針。
第32段橘色、第34段淺黃色、第36段橘色。

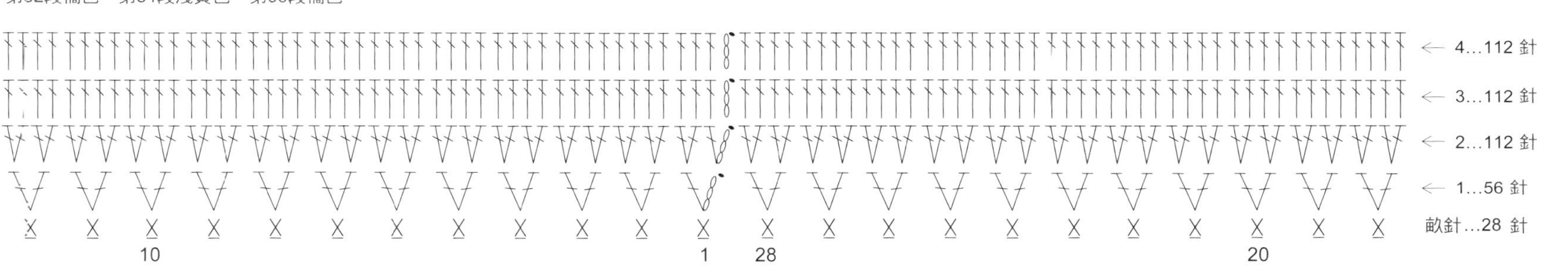

共用織圖 鞋子1雙

段	針數	加減針	顏色
7	21	－3針	芥末黃（女） 芥末綠（男）
6	24	－2針	
5	26	不加減	
4	26	不加減，畝針	
3	26	＋4針	
2	22	＋6針	
1	16	短針16針	
起針	7	鎖針起針	

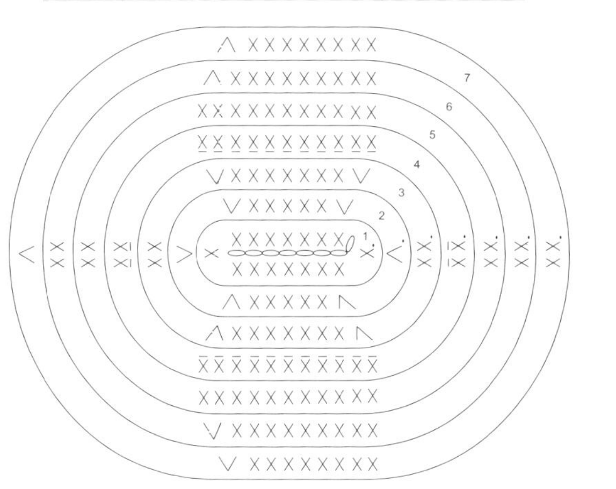

How to make

P.16

4. 歡度萬聖節

線材

貝碧嘉／膚色（35）、紅色（14）、黑色（18）、黃色（04）、橘色（05）、綠色（25）、咖啡色（26），金蔥彩線／金色（TX583）、紫色（TX12），娃娃紗／咖啡色（23）

工具

3/0、5/0號鉤針．毛線針

作法

鎖針起針，由腳底開始往上鉤織。依織圖鉤織2個相同的腳，至第28段剪線。將雙腳合併，繼續往上鉤身體。在男生身體上挑針鉤織南瓜裝，女生則是另外完成巫婆裝後，套在身上。縫合頭、手。鉤織男生的頭髮，以釣魚線縫合女生的髮片與髮帶。分別戴上巫婆帽、南瓜帽，裝上眼睛，完成！

共用織圖 頭1個（膚）

織圖請見P.52。

共用織圖 手2隻（膚）

段	針數	加減針
8～17	8	不加減
7	8	－2針
6	10	不加減
5	10	不加減
3～4	10	不加減
2	10	＋5針
1	5	輪狀起針

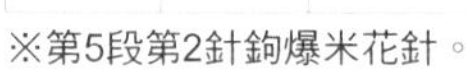

※第5段第2針鉤爆米花針。

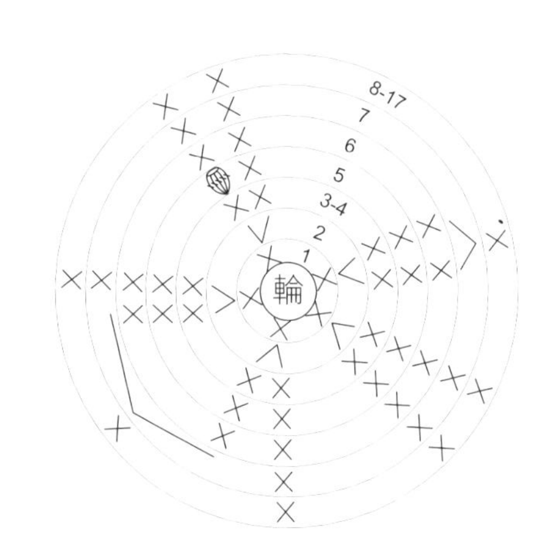

女生 巫婆裝（縫合頭部前套入身體）

衣身為鎖針起針30針，頭尾引拔接合成圈。依織圖往下襬鉤織，在第2段加2針。第21段開始，每4針為一組鉤往復編，完成8組倒三角裙襬。最後以金色的金蔥彩線，沿裙邊鉤織1圈短針，作出滾邊。鉤織2條肩帶，縫於衣服左右兩肩處。鉤織2個補丁，以金線作捲針縫固定在衣身上。

肩帶2條（黑）

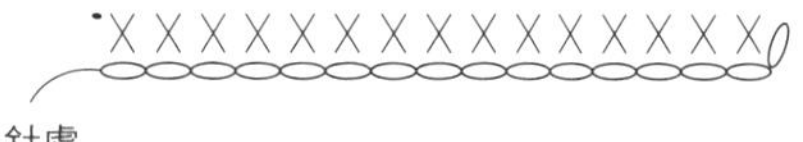

起針處
鎖針15針

方形補丁1個（橘）

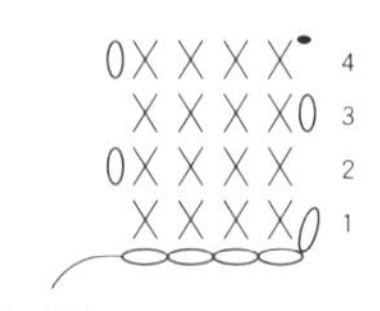

起針處
鎖針4針

圓形補丁1個（黃）

輪狀起針
短針6針

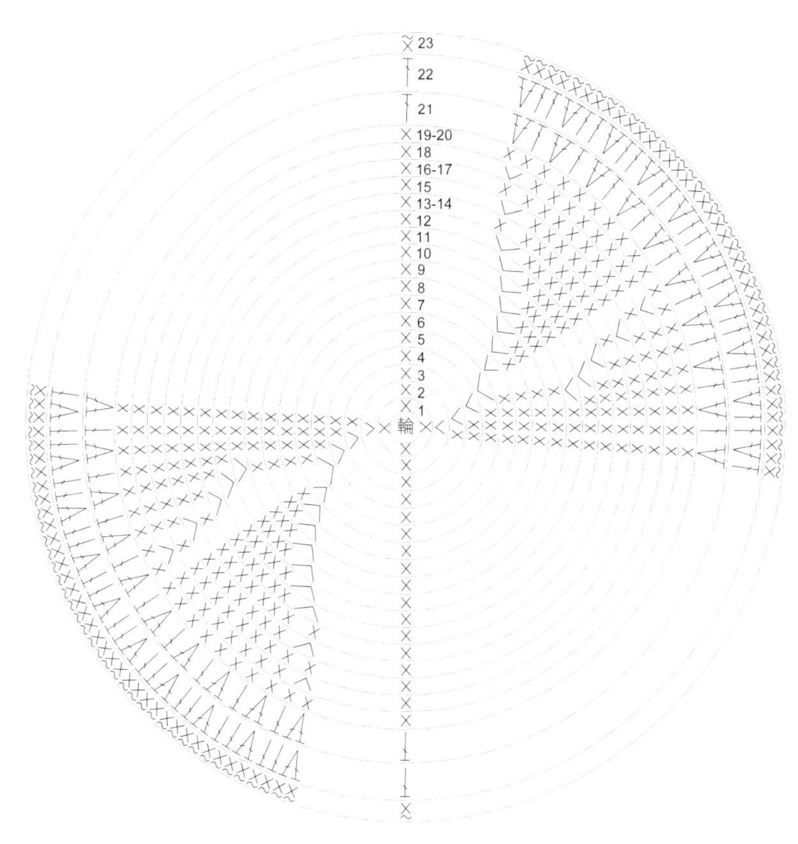

女生 巫婆帽

段	針數	加減針	顏色
23	80	不加減，逆短針	金蔥彩線金色
22	80	＋20針，長針	黑
21	60	＋20針，長針	
20	40	不加減，畝針	金蔥彩線金色
19	40	不加減	黑
18	40	＋4針	
16～17	36	不加減	
15	36	＋4針	
13～14	32	不加減	
12	32	＋4針	
11	28	＋4針	
10	24	＋4針	
9	20	＋2針	
8	18	＋2針	
7	16	＋2針	
6	14	＋2針	
5	12	＋2針	
4	10	＋2針	
3	8	＋2針	
2	6	＋2針	
1	4	輪狀起針	

女生 頭髮（市售髮片）

髮片縫法請參照P.48。

女生 髮帶（金蔥彩線紫色）

起針處
鎖針50針

衣身（黑）

段	針數	加減針
24	1	每4針為一組鉤往復編，依織圖減針，鉤8組倒三角。
23	2	
22	3	
21	4	
3～20	32	不加減
2	32	＋2針
1	30	不加減
起針	30	鎖針起針，頭尾引拔

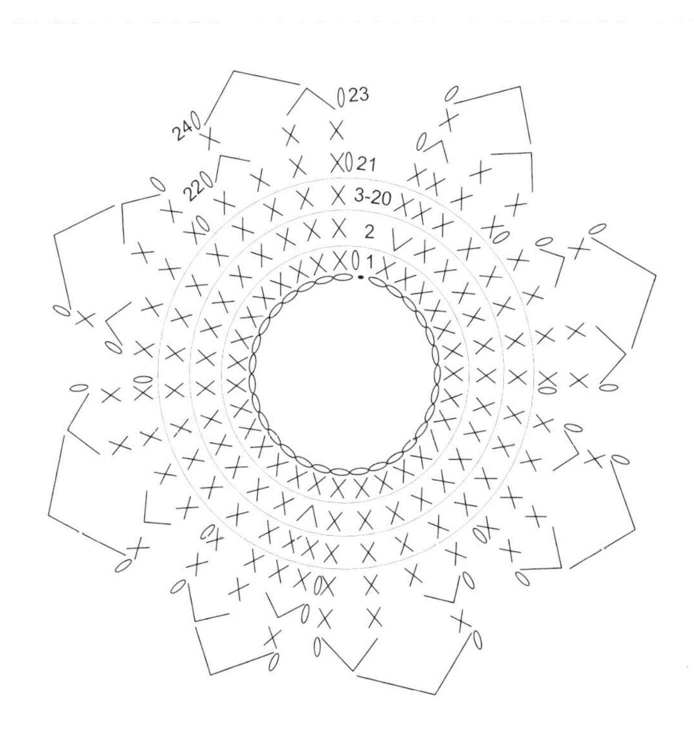

女生 腳+身1組

部位	段	針數	加減針	顏色
身體 1個	44	18	－2針	膚
	43	20	不加減	
	42	20	－2針	
	39～41	22	不加減	
	38	22	－2針	
	36～37	24	不加減	
	35	24	－2針	紅
	32～34	26	不加減	
	31	26	－2針	
	30	28	－2針	
	29	30	合併雙腳，不加減	
腳 2個	11～28	15	不加減	
	10	15	－2針	
	9	17	－2針，畝針	黑
	8	19	－2針	
	7	21	－3針	
	4～6	24	不加減	
	3	24	＋6針	
	2	18	＋6針	
	1	12	短針12針	
	起針	5	鎖針起針	

※在第9段畝針的另一條線上，以金線挑針鉤織短針一圈。

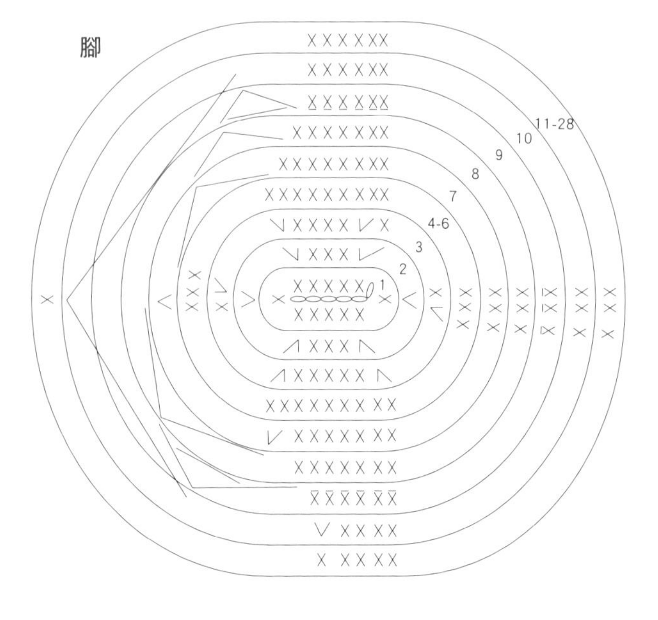

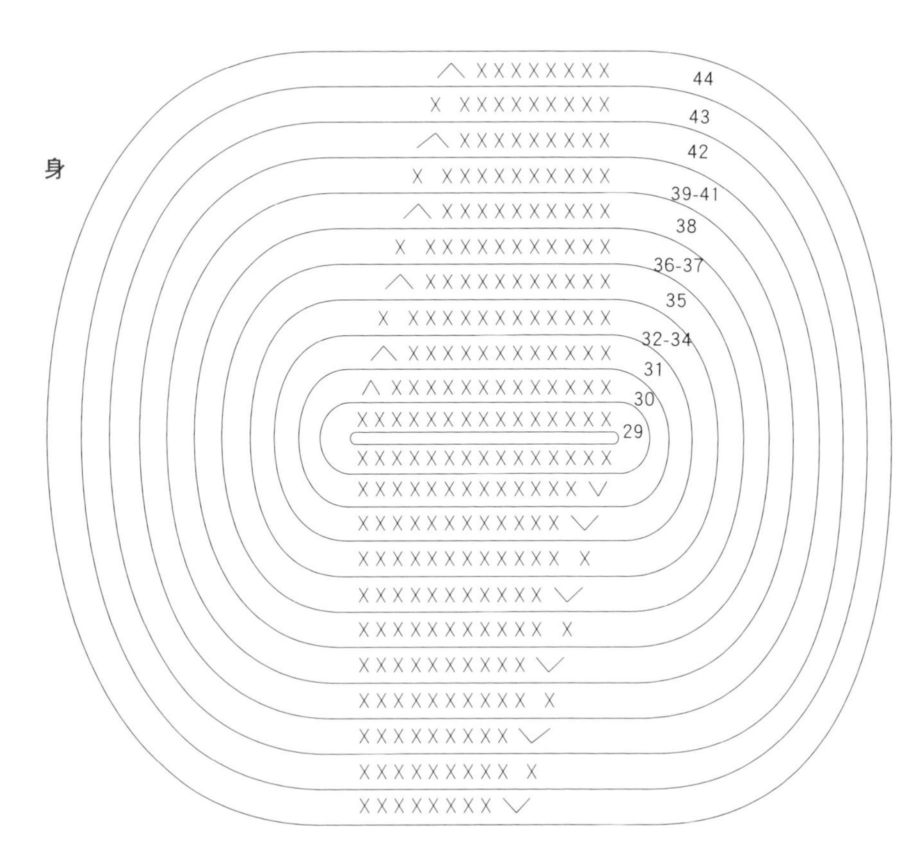

男生 頭髮（娃娃紗咖啡色）

直接於頭部挑針，鉤織10針鎖針（往）和短針（回），引拔下一個針目固定，重複至完成髮型。

直接從頭部接線
鉤鎖針10針，短針10針。
重複直到髮型完成。

男生 南瓜裝

織圖請見P.55

男生 南瓜帽

第15至17段，鉤11組5長針加1表引長針。
第18段，鉤11組4長針加表引長針2併針。
第19段，鉤11組4長針加1表引長針。

段	針數	加減針	顏色
19	55	不加減	橘
18	55	－11針	
15～17	66	不加減	
14	66	＋6針	
13	60	＋6針	
12	54	＋6針	
11	48	＋6針	
10	42	＋6針	
9	36	＋6針	
8	30	＋6針	
7	24	＋6針	
6	18	＋6針	
5	12	＋6針	咖啡
2～4	6	不加減	
1	6	輪狀起針	

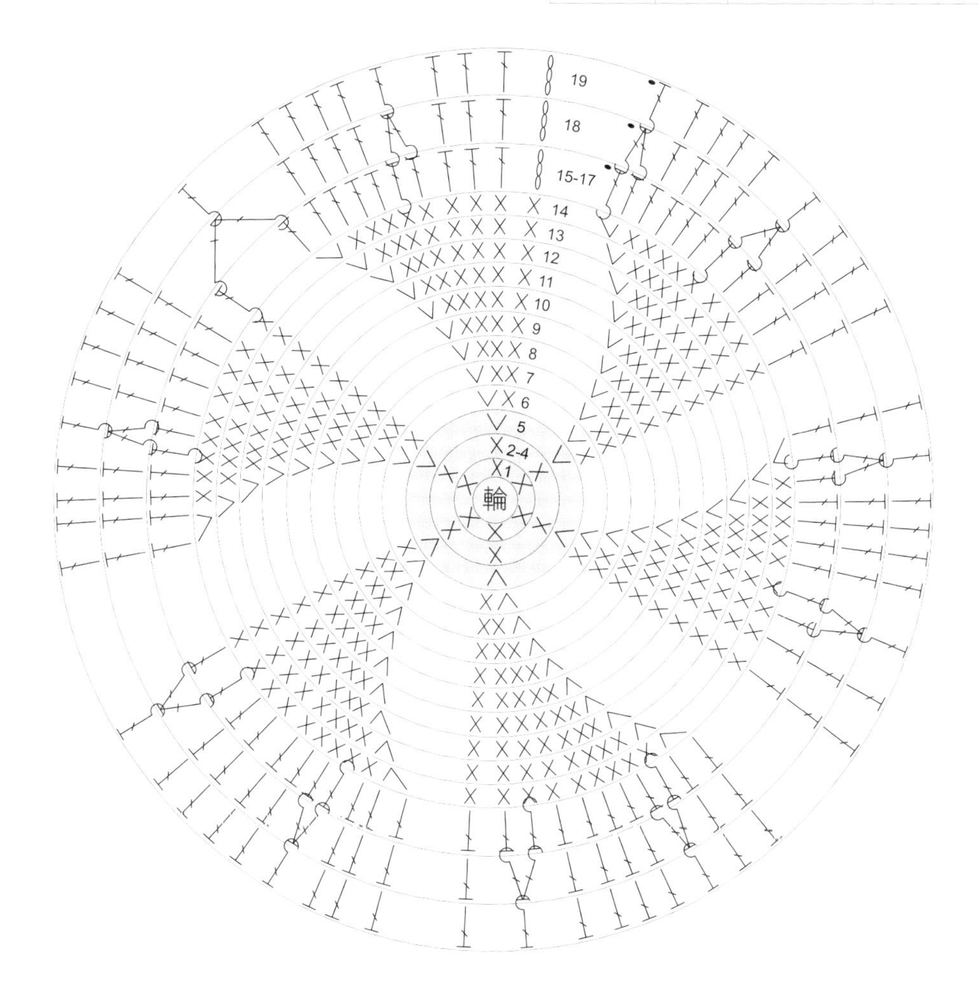

男生 腳＋身1組

部位	段	針數	加減針	顏色
身體1個	45	18	－2針，畝針	膚
	43～44	20	不加減	
	42	20	－2針	
	41	22	不加減	
	40	22	－2針	
	36～39	24	不加減	
	35	24	－2針	
	34	26	不加減	綠
	33	26	－2針	
	32	28	不加減	
	31	28	－2針	
	30	30	不加減	
	29	30	合併雙腳，不加減	
腳2個	11～28	15	不加減	
	10	15	－2針	
	9	17	－2針	
	8	19	－2針，畝針	
	7	21	－3針	咖啡
	4～6	24	不加減	
	3	24	＋6針	
	2	18	＋6針	
	1	12	短針12	
	起針	5	鎖針起針	

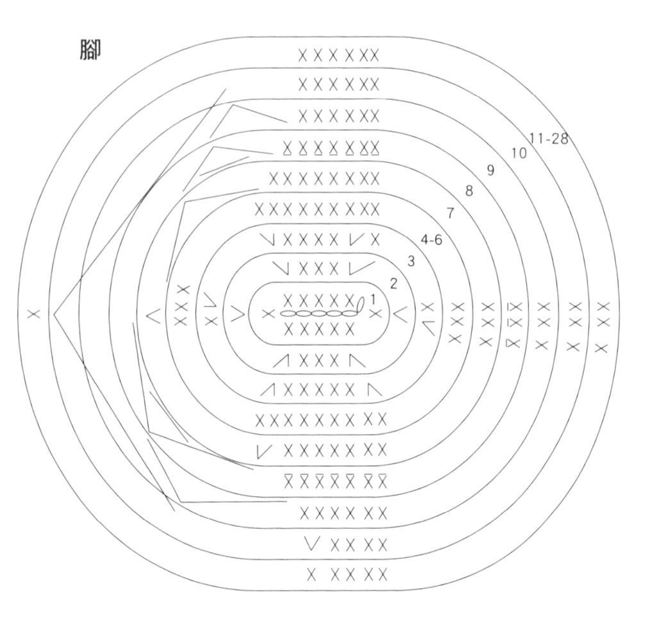

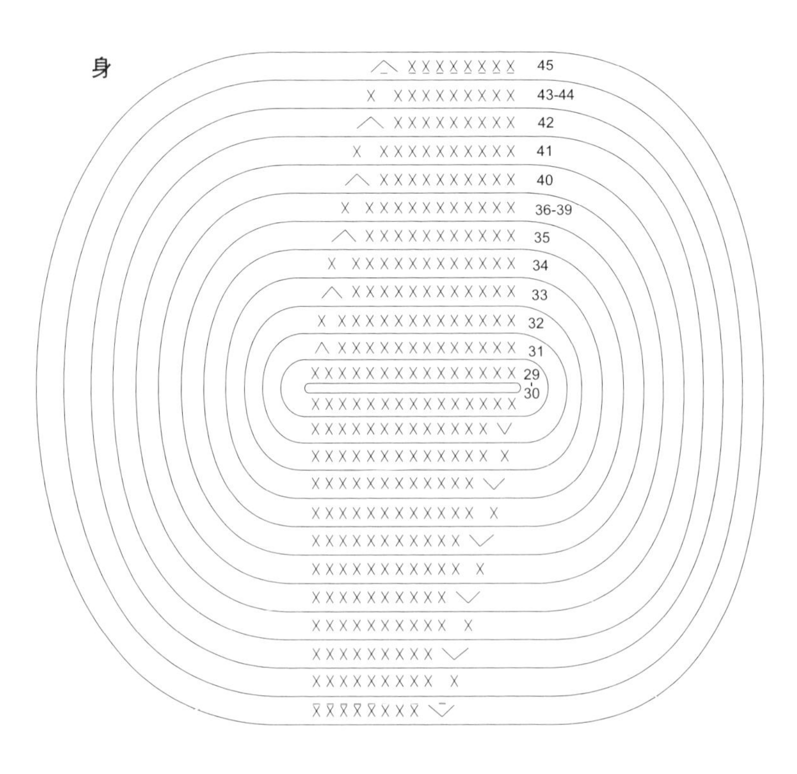

P.18

5. 聖誕快樂

線材

貝碧嘉／膚色（35）、紅色（14）、黑色（18）、咖啡色（26）、黃色（04），糖果紗／白色（004）

工具

5/0號鉤針・毛線針

作法

由腳底開始往上鉤織，依織圖鉤織2個相同的腳，女生至第23段剪線，男生至第25剪線，雙腳合併，一邊依指示換線，一邊往上鉤織身體。接著先從下襬開始鉤織男生上衣，套在娃娃身上後，再縫合頭、手。女生則是直接在身體上挑針，鉤織裙子。分別依織圖完成男、女頭髮、聖誕帽、靴子、腰帶等配件，以保麗龍膠黏合固定，完成！

共用織圖 頭1個（膚）

織圖請見P.52。

共用織圖 聖誕帽

段	針數	加減針	顏色
12	36	不加減	糖果紗・白
11	36	不加減	貝碧嘉紅
10	36	+6針	
8～9	30	不加減	
7	30	+6針	
6	24	不加減	
5	24	+6針	
4	18	不加減	
3	18	+6針	
2	12	+6針	
1	6	輪狀起針	

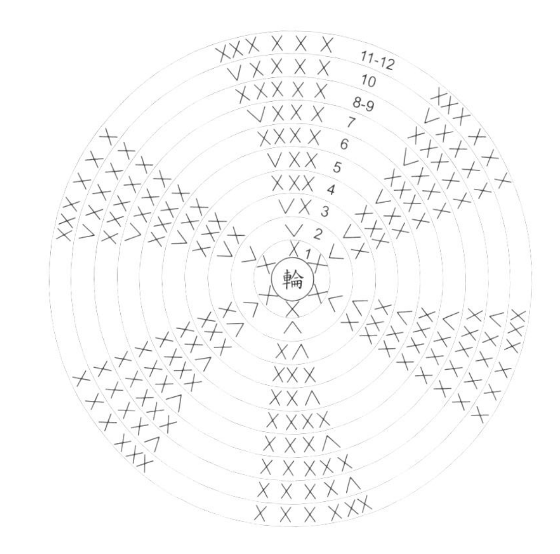

共用織圖 手2隻

段	針數	加減針	顏色
11～18	8	不加減	紅
10	8	－2針	
8～9	10	不加減	
7	10	不加減，畝針	
6	10	不加減	膚
5	10	不加減	
3～4	10	不加減	
2	10	+5針	
1	5	輪狀起針	

※第5段第2針鉤爆米花針。

※鉤完18段後，取白色糖果紗，在第7段畝針的另一條線上鉤織一圈短針，作出袖口滾邊。

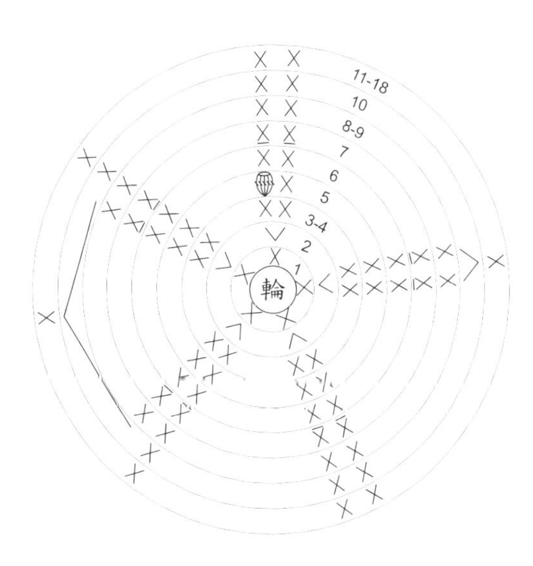

女生 頭髮（咖啡）

分為輪狀起針的頭套與周圍髮條。鉤完19段的頭套之後，在頭套外圍的標示位置接線挑針，依織圖交錯鉤織髮條A、B、C各五條，以及瀏海A、B、C、D各一條。每完成一髮條後，在相鄰的下一針目鉤引拔固定，即可繼續鉤下一條。

髮套

段	針數	加減針
8～19	42	不加減
7	42	＋6針
6	36	＋6針
5	30	＋6針
4	24	＋6針
3	18	＋6針
2	12	＋6針
1	6	輪狀起針

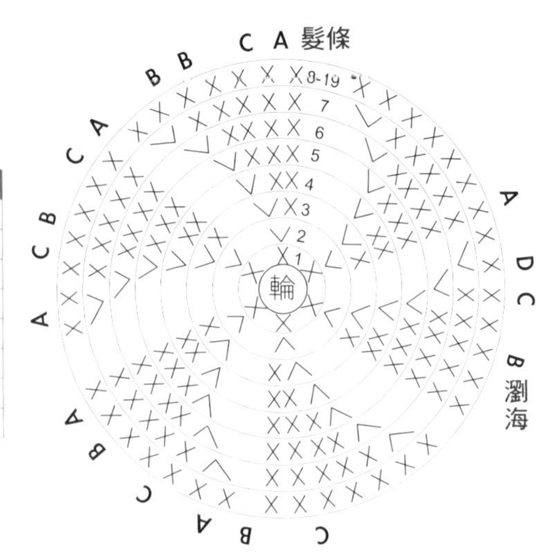

髮條A 5條

起針處
鎖針36針（加12針）

髮條B 5條

起針處
鎖針30針（加10針）

髮條C 5條

起針處
鎖針33針（加11針）

瀏海A 1條

起針處
鎖針14針

瀏海B 1條

起針處
鎖針16針

瀏海C 1條

起針處
鎖針18針

瀏海D 1條

起針處
鎖針20針

女生 腳+身1組

部位	段	針數	加減針	顏色
身體1個	48	18	不加減，畝針	糖果紗・白
	47	18	−2針	貝碧嘉紅
	46	20	−2針	
	45	22	−2針	
	44	24	−4針	
	42～43	28	不加減	
	41	28	+2針	
	40	26	+2針	
	39	24	+2針	
	37～38	22	不加減	
	36	22	不加減，畝針	
	35	22	不加減	
	34	22	不加減，畝針	
	33	22	−2針	貝碧嘉膚
	32	24	不加減	
	31	24	−2針	
	30	26	−2針	
	29	28	−2針	
	28	30	−2針	
	27	32	−2針	
	26	34	−2針	
	25	36	不加減	
	24	36	合併雙腳，不加減	
腳2個	23	18	+3針	
	4～22	15	不加減	
	3	15	+3針	
	2	12	+6針	
	1	6	輪狀起針	

※全部鉤完後，取白色糖果紗，在身體第36段畝針的另一條線上鉤織一圈短針，作出腰帶滾邊。

身

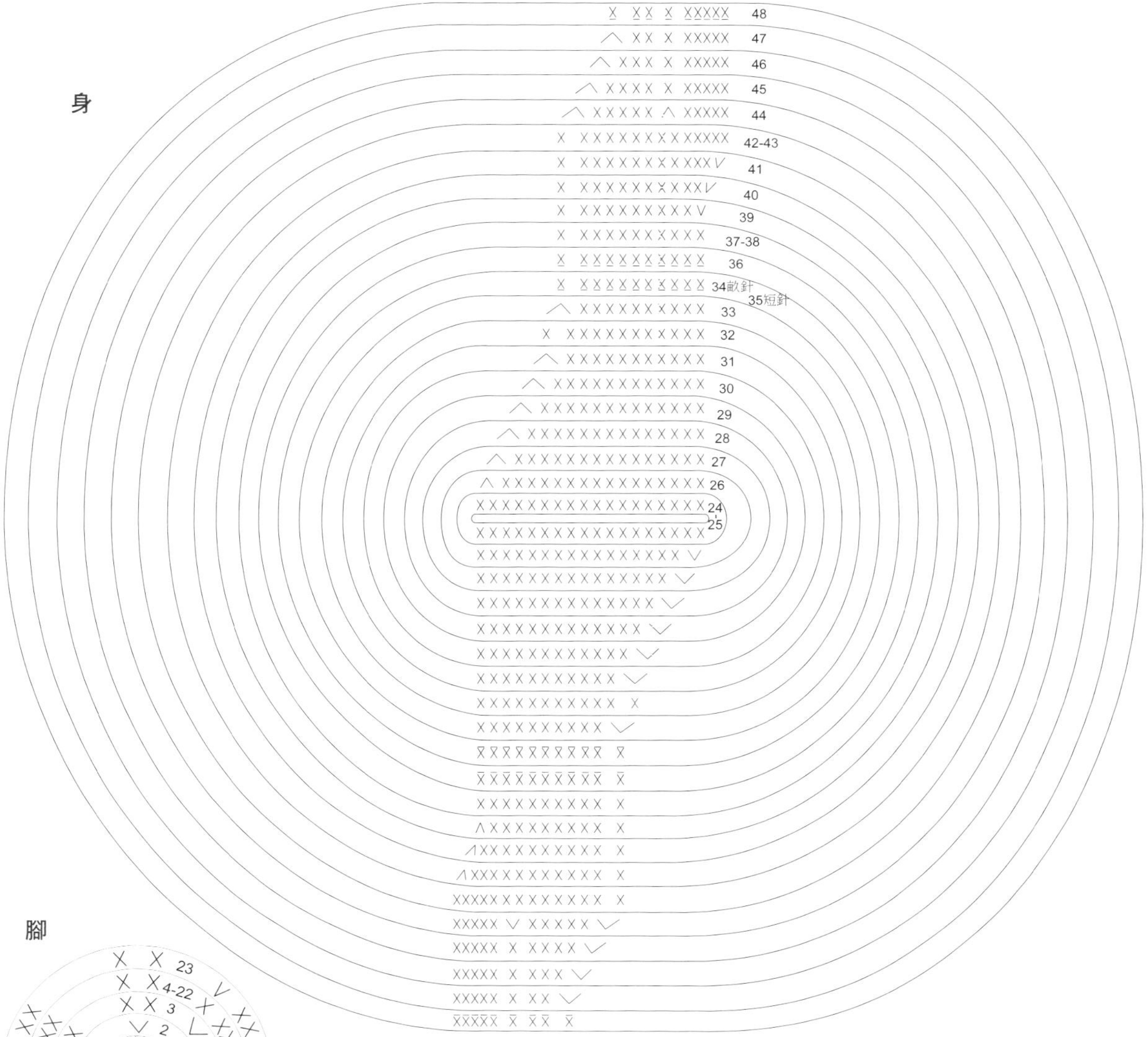

腳

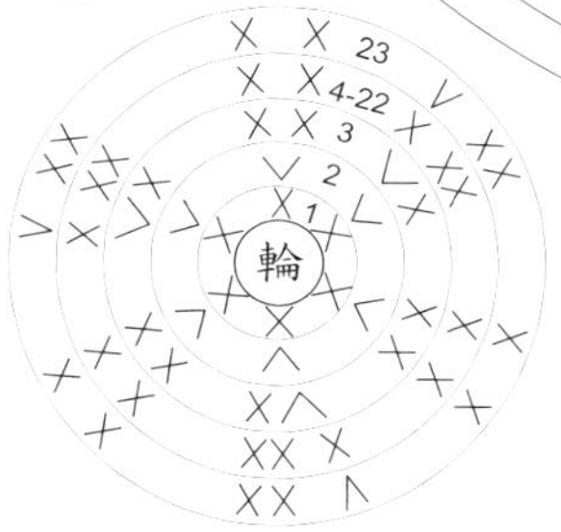

女生 裙子（紅色、白色）

取貝碧嘉紅色線，直接在娃娃身體上的第34段，挑畝針另一條線鉤織第一段。依織圖輪狀鉤織長針加針，第7段改糖果紗白色線，鉤織短針滾邊。

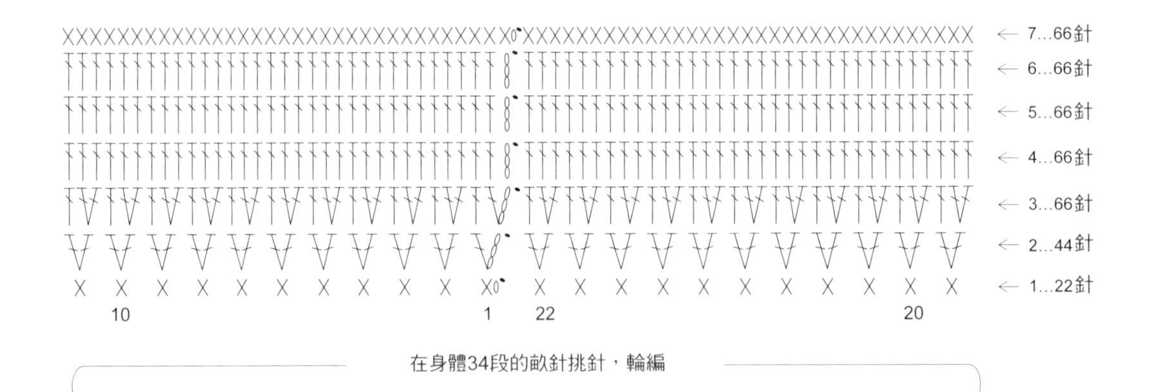

女生 靴子1雙（黑色）

段	針數	加減針
7～16	18	不加減
6	18	－4針
5	22	－4針
4	26	不加減，畝針
3	26	＋6針
2	20	＋6針
1	14	短針14針
起針	7	鎖針起針

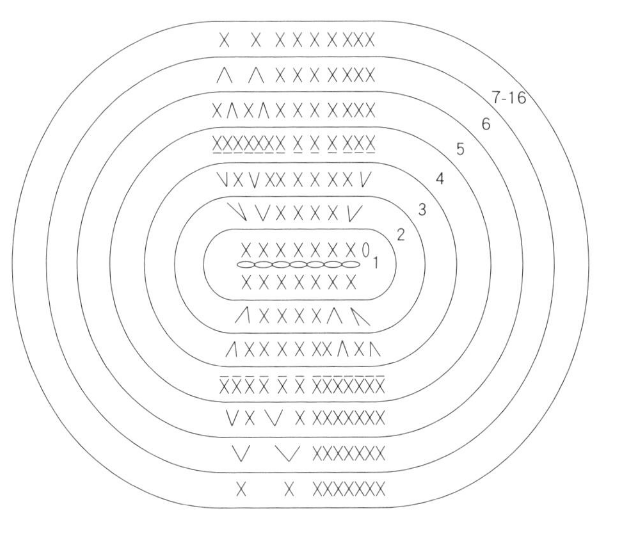

男生 腰帶1條（黑）

起針處
鎖針34針

男生 腰帶扣環　1個（黃）

鎖針14針，頭尾引拔成圈。
口字形縫於腰帶上即可。

起針處
鎖針14針

男生 頭髮（咖啡）

分為輪狀起針的頭套與周圍髮條。鉤完19段的頭套之後，依織圖在第19段的針目上鉤織鎖針，再鉤短針回來，引拔相鄰的下一針目，完成一髮條。重複直到42針目全部完成。

段	針數	加減針
20	依織圖從第42針往回鉤織髮條	
8～19	42	不加減
7	42	+6針
6	36	+6針
5	30	+6針
4	24	+6針
3	18	+6針
2	12	+6針
1	6	輪狀起針

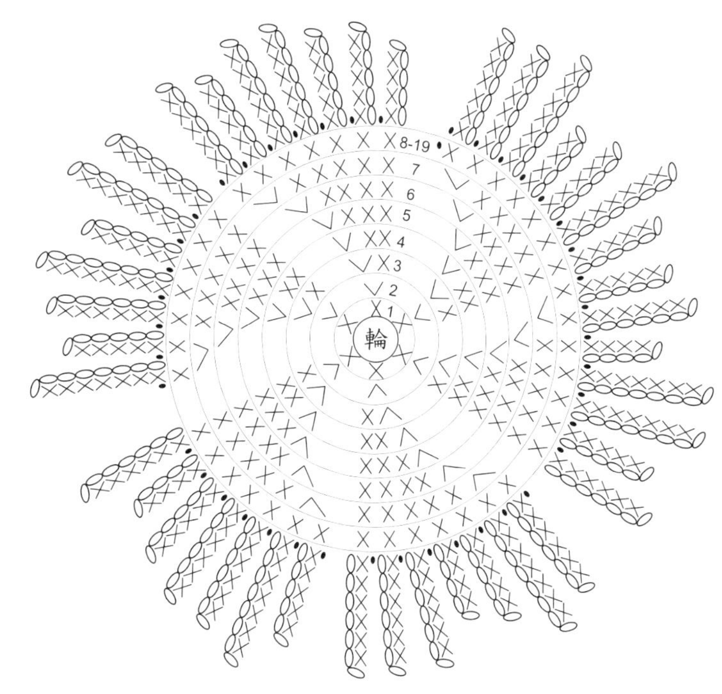

男生 上衣

段	針數	加減針	顏色
19	24	不加減	糖果紗・白
16～18	24	不加減	貝碧嘉紅
15	24	−2針	
12～14	26	不加減	
11	26	−2針	
10	28	不加減	
9	28	−2針	
8	30	−2針	
7	32	−2針	
6	34	−2針，輪編	
5	36	不加減	
4	36	不加減	
3	36	不加減	
2	36	不加減，往復編	
1	36	鎖針起針	

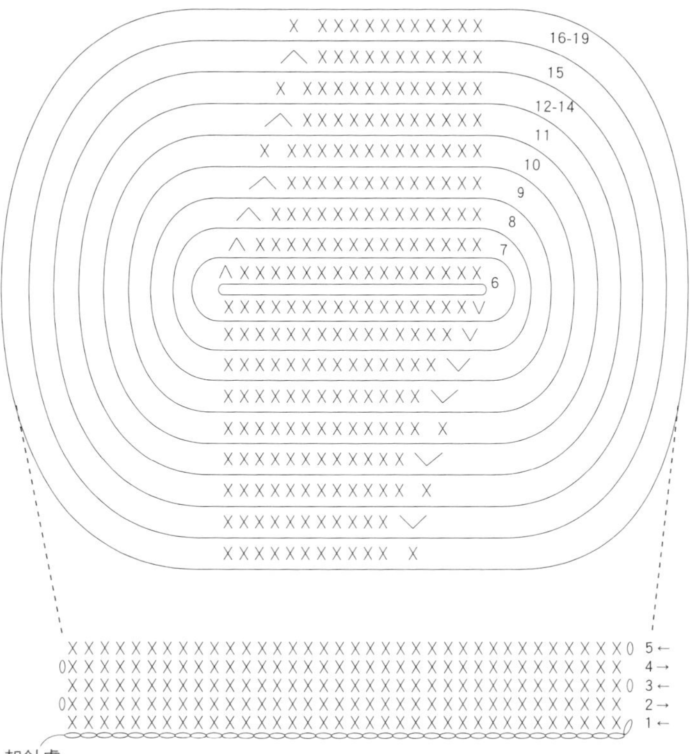

起針處
鎖針36針

男生 腳+身1組

部位	段	針數	加減針	顏色
身體 1個	43	18	－2針	膚
	42	20	不加減	
	41	20	－2針	
	39～40	22	不加減	
	38	22	－2針	
	35～37	24	不加減	
	34	24	不加減	紅
	33	24	－2針	
	32	26	不加減	
	31	26	－2針	
	30	28	不加減	
	29	28	－2針	
	27～28	30	不加減	
	26	30	合併雙腳，不加減	
腳 2個	14～25	15	不加減	
	13	15	不加減，畝針	
	11～12	15	不加減	黑
	10	15	－2針	
	9	17	－2針	
	8	19	－2針，畝針	
	7	21	－3針	
	4～6	24	不加減	
	3	24	＋6針	
	2	18	＋6針	
	1	12	短針12針	
	起針	5	鎖針起針	

※全部鉤完後，取白色糖果紗，在第13段畝針的另一條線上鉤織一圈短針，作出褲管滾邊。

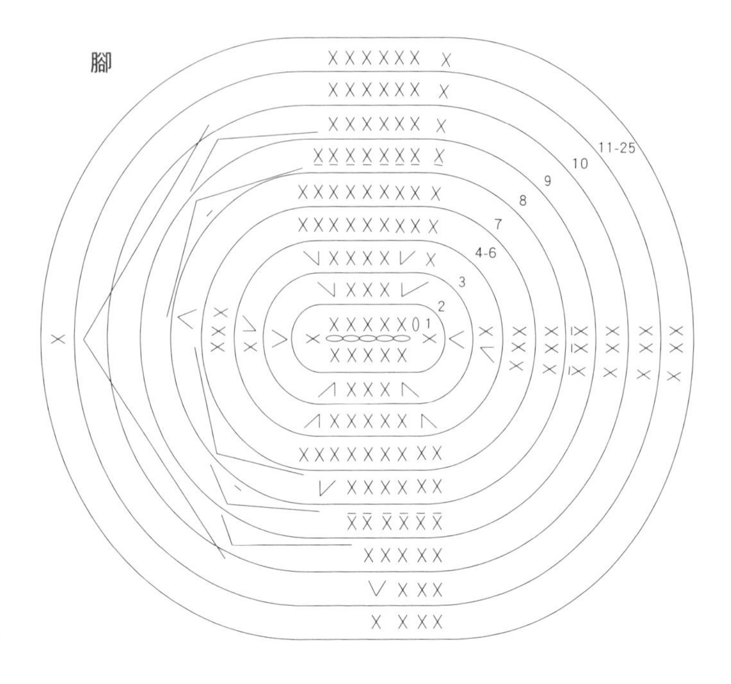

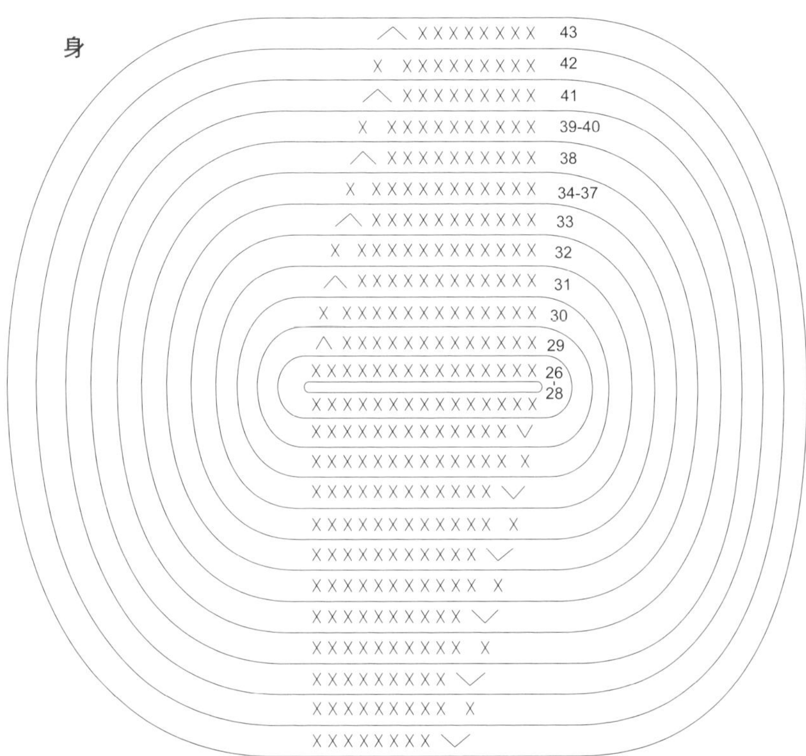

P.20

b. 畢業囉！

線材

貝碧嘉／膚色（35）、深藍色（58）、白色（01）、卡其色（21）、蛋黃色（55）、黑色（18）、黃色（04）、紫紅色（29）、土黃色（27）、灰色（17），麗絲拉拉／橘色（2106，學士帽流蘇），保羅抗菌紗／粉橘色（03，女生頭髮）

工具

5/0號鉤針．毛線針

作法

鎖針起針，由腳底開始往上鉤織。依織圖鉤織2個相同的腳，至第25段剪線。將雙腳合併，繼續往上鉤身體。接著先從下襬開始鉤織學士服，套在娃娃身上後，先縫合雙手。戴上領巾，再縫數針固定於學士服，縫合頭部。製作頭髮、學士帽，以保麗龍膠黏合固定，完成！

共用織圖 頭1個（膚）

織圖請見P.52。

共用織圖 腳+身1組

第4段鉤畝針（挑短針外側一條線鉤織）。

部位	段	針數	加減針	顏色
身體1個	43	18	－2針	白
	41～42	20	不加減	
	40	20	－2針	
	38～39	22	不加減	
	37	22	－2針	
	32～36	24	不加減	
	31	24	－2針	卡其（女）紫紅（男）
	30	26	不加減	
	29	26	－2針	
	28	28	－2針	
	27	30	不加減	
	26	30	合併雙腳，不加減	
腳2個	11～25	15	不加減	
	10	15	－2針	
	9	17	－2針	
	8	19	－2針	
	7	21	－3針	蛋黃（女）土黃（男）
	4～6	21	不加減	
	3	24	＋6針	
	2	18	＋6針	
	1	12	短針12針	
	起針	5	鎖針起針	

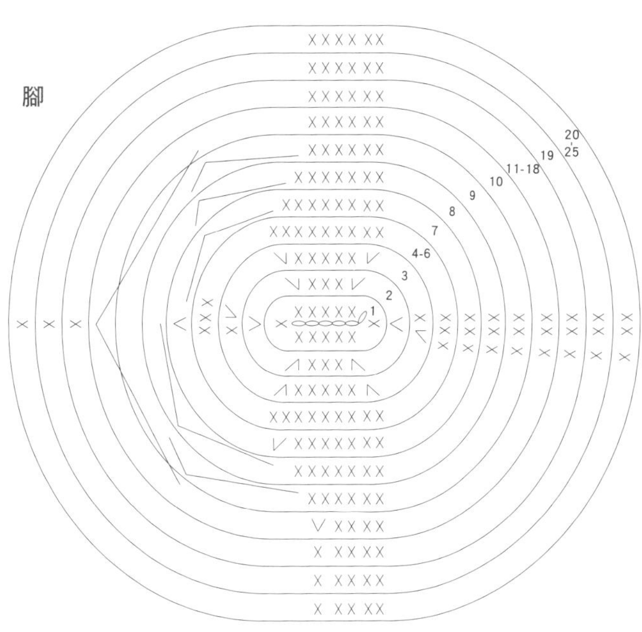

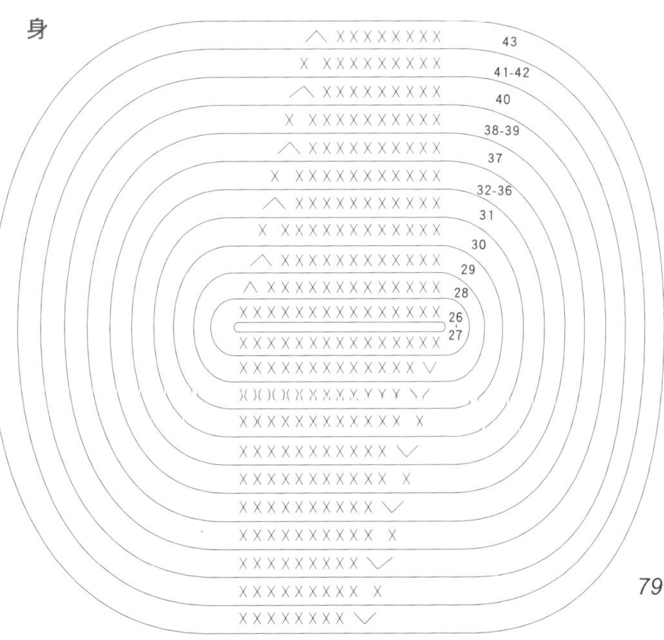

共用織圖 手2隻

段	針數	加減針	顏色
8～19	8	不加減	深藍（女）黑（男）
7	8	－2針	
6	10	不加減	膚
5	10	不加減	
3～4	10	不加減	
2	10	＋5針	
1	5	輪狀起針	

※第5段第2針鉤爆米花針。

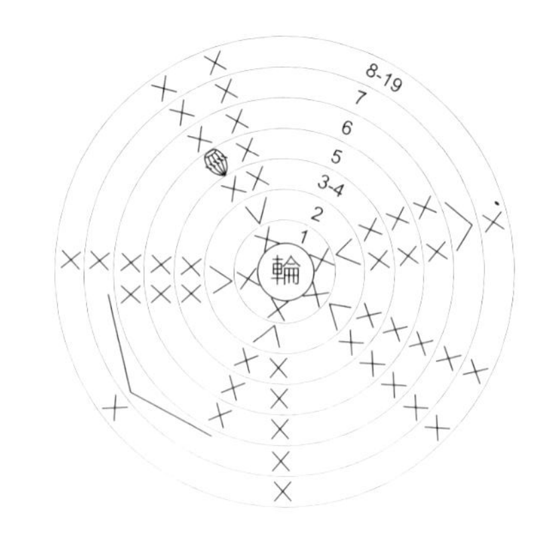

共用織圖 學士服：女生／深藍．男生／黑色

鎖針起針，依織圖以往復編鉤織16段的衣襬，
17段開始改以輪編進行衣身。

段	針數	加減針
32	29	不加減
31	29	－2針
27～30	31	不加減
26	31	－2針
22～25	33	不加減
21	33	－2針
18～20	35	不加減
17	35	不加減，輪編
10～16	35	不加減
9	35	－2針
2～8	37	不加減
1	37	不加減，往復編
起針	37	鎖針起針

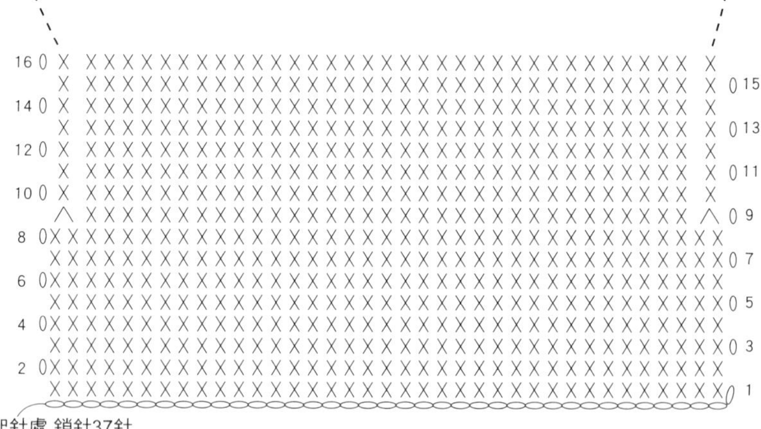

共用織圖 學士服領巾：

女生／白色．男生／黃色

段	針數	加減針
6（男生）	38	－2針
5（女生）	40	－2針
4	42	－2針
3	44	－2針
2	46	－2針
1	48	－2針
起針	50	鎖針起針

※男生加鉤第6段。

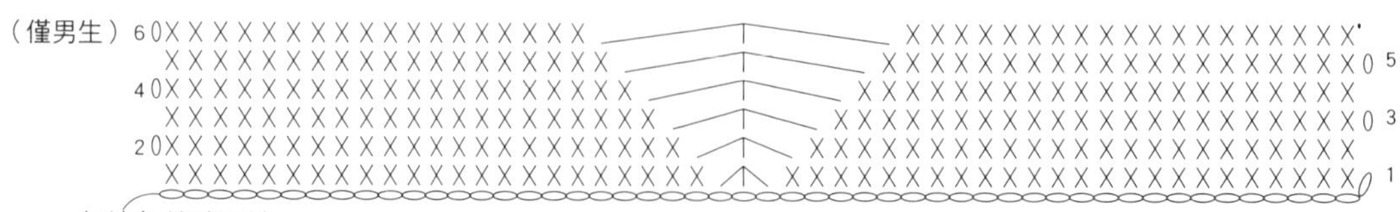

共用織圖 學士帽：女生／深藍・男生／黑色

分為A帽頂、B帽冠、C流蘇三部分。鎖針起針先從帽頂開始鉤織，依織圖進行13段短針後，沿織片周圍鉤織一圈逆短針。再來鉤織帽冠，鎖針起針，頭尾引拔連接成環，輪編鉤織3段短針。完成後以四邊各8針比例，縫合於帽頂正中央。將橘色的麗絲拉拉線剪成10cm長，對摺後以地毯針固定在帽頂一角。在帽冠中塞入棉花，以保麗龍膠固定在頭髮上。

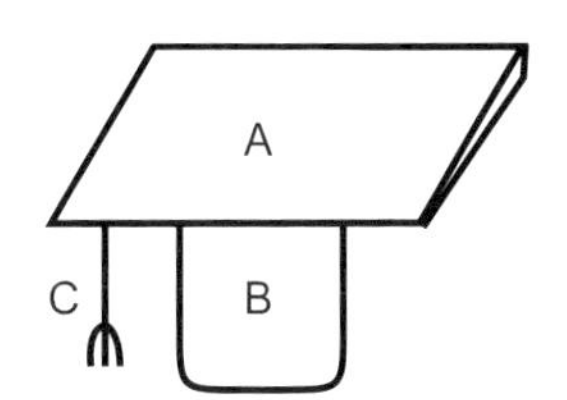

帽冠

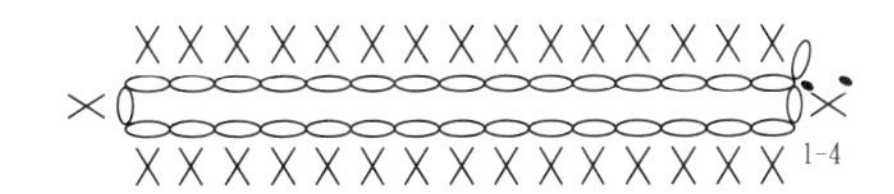

男生 頭髮（深灰）

男生髮套要在第8段加針，鉤到18段為止。完成後以保麗龍膠黏合於頭部適當位置，再以毛線縫出瀏海髮型即可。

段	針數	加減針
9～18	48	不加減
8	48	＋6針
7	42	＋6針
6	36	＋6針
5	30	＋6針
4	24	＋6針
3	18	＋6針
2	12	＋6針
1	6	輪狀起針

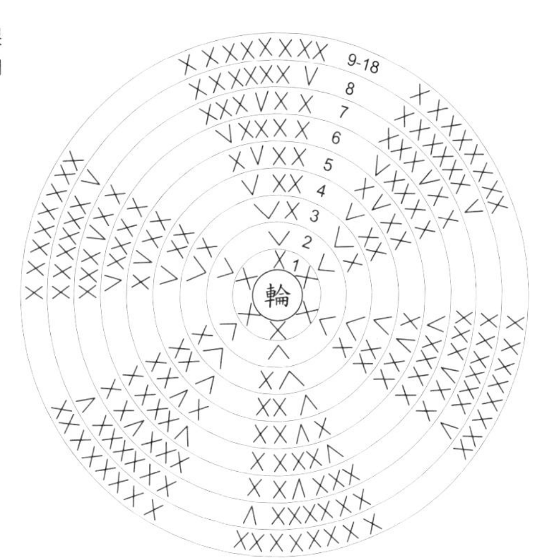

女生 頭髮（保羅抗菌紗粉橘色）

將粉紅色毛線剪成約42cm的線段備用。一邊依織圖鉤織短針，一邊夾入線段固定，作法請參照P.46。

段	針數	加減針
8～9	42	不加減
7	42	＋6針
6	36	＋6針
5	30	＋6針
4	24	＋6針
3	18	＋6針
2	12	＋6針
1	6	輪狀起針

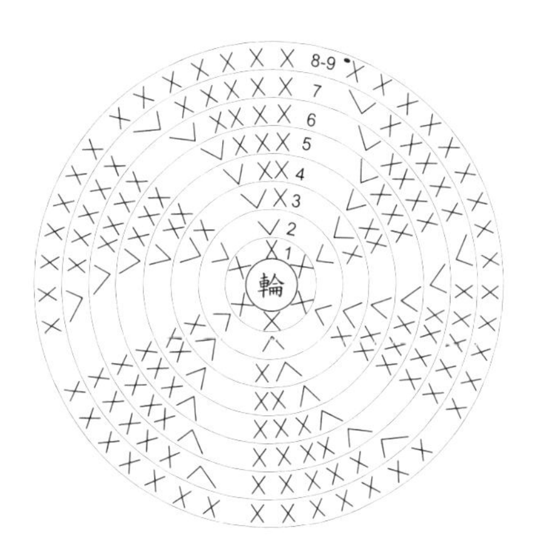

P.22

7.夢想之保衛家園

線材

貝碧嘉／膚色（35）、深藍色（58）、藍色（10）、米白色（02）、黑色（18）、迷彩花線（87），娃娃紗／土黃色（30）

工具

5/0號鉤針．毛線針

作法

鎖針起針，由腳底開始往上鉤織。依織圖鉤織2個相同的腳，至第26段剪線，將雙腳合併，繼續往上鉤身體。在海軍身體上挑針鉤織上衣和領片，在陸軍身體上挑針鉤織衣襬。分別鉤織頭、手並縫合在身體上。製作海軍的頭髮，戴上鉤織完成的帽子、鋼盔，以保麗龍膠黏合眼睛與各個配件，完成！

共用織圖 頭1個（膚）

織圖請見P.52。

共用織圖 手2隻

段	針數	加減針	顏色
16～18（女）	8	不加減	米白
8～15（女）	8	不加減	膚
8～19（男）	8	不加減	迷彩花線
7	8	－2針	膚色
6	10	不加減	
5	10	不加減	
3～4	10	不加減	
2	10	＋5針	
1	5	輪狀起針	

※第5段第2針鉤爆米花針。

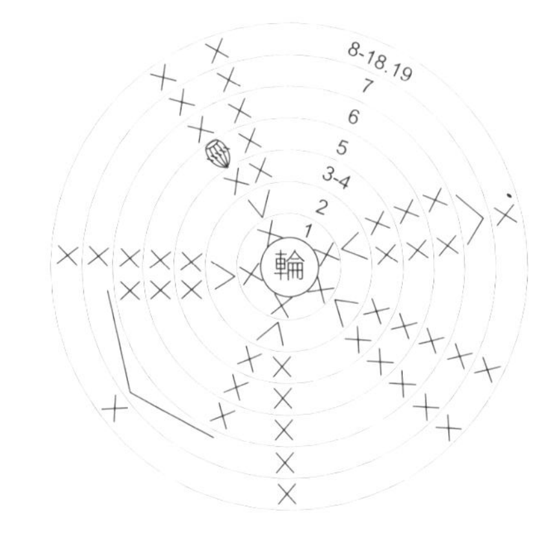

共用織圖 腳2隻

段	針數	加減針	顏色
11～26	15	不加減	膚（女）迷彩花線（男）
10	15	－2針	
9	17	－2針	
8	19	－2針	
7	21	－3針	藍（女）黑色（男）
4～6	24	不加減	
3	24	＋6針	
2	18	＋6針	
1	12	短針12針	
起針	5	鎖針起針	

11-26
10
9
8
7
4-6
3
2
1

女生 身1組（膚）

將鉤至26段的雙腳合併，繼續往上鉤織身體至43段。

段	針數	加減針
43	18	不加減，畝針
42	18	－2針，畝針
40～41	20	不加減
39	20	－2針
37～38	22	不加減
36	22	－2針
34～35	24	不加減
33	24	－2針
32	26	不加減
31	26	－2針
30	28	不加減
29	28	－2針
28	30	不加減
27	30	合併雙腳，不加減

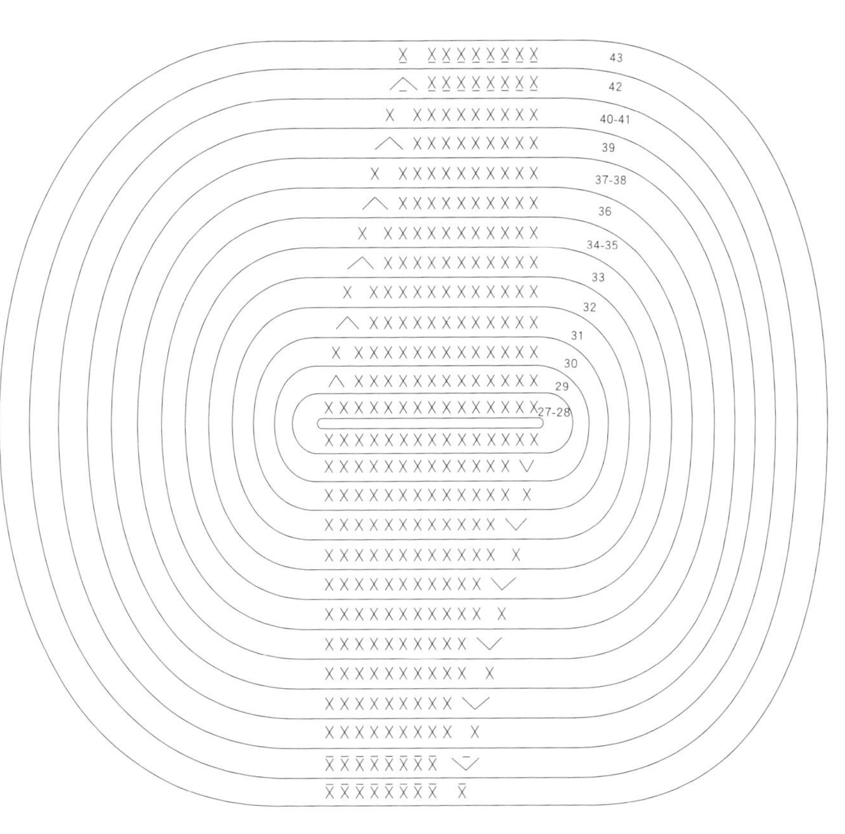

女生 海軍帽（米白、深藍）

第20～21段，織圖的加粗符號換深藍色鉤織條紋。僅針目27至33為米白。

段	針數	加減針
22～23	60	不加減
20～21	60	不加減
18～19	60	不加減
17	60	不加減，筋編
12～16	60	不加減
11	60	不加減，畝針
10	60	＋6針
9	54	＋6針
8	48	＋6針
7	42	＋6針
6	36	＋6針
5	30	＋6針
4	24	＋6針
3	18	＋6針
2	12	＋6針
1	6	輪狀起針

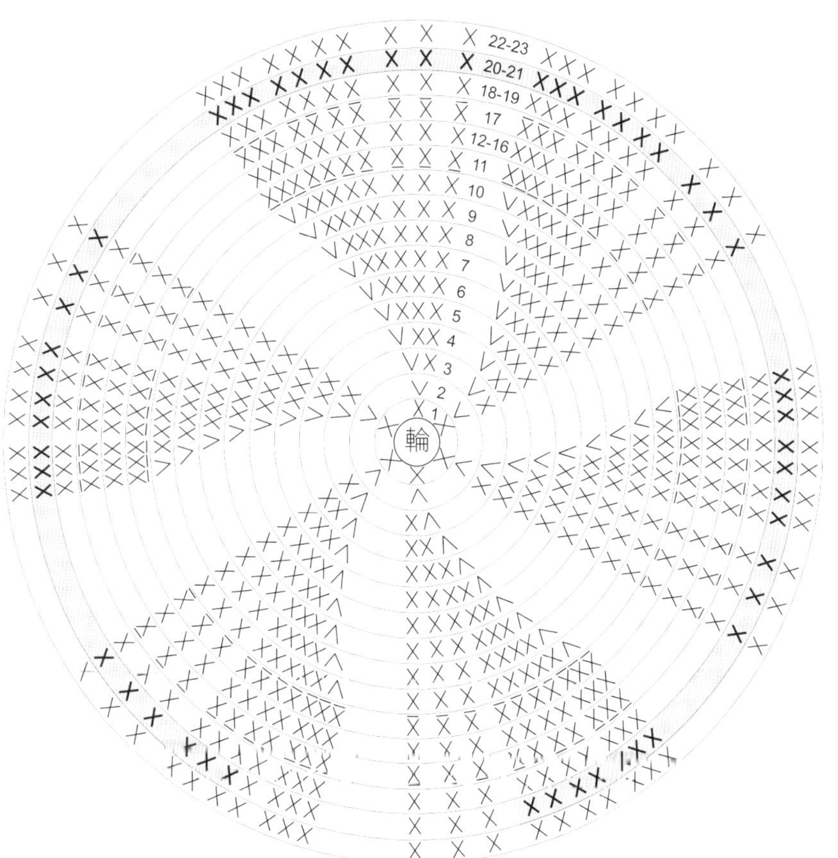

女生 海軍服制作方法

先鉤上衣再鉤領子，兩者第1段皆是挑身體畝針的另一條線（鉤織時腳朝上），輪編鉤織短針。上衣第1段挑身體第42段的畝針，依表格一邊換色線一邊往下襬鉤織。完成上衣後，在身體第43段的畝針挑針，鉤織領片。

領片（米白）

段	針數	加減針
5～7	45	不加減
4	45	＋9針
3	36	＋9針
2	27	＋9針
1	18	不加減

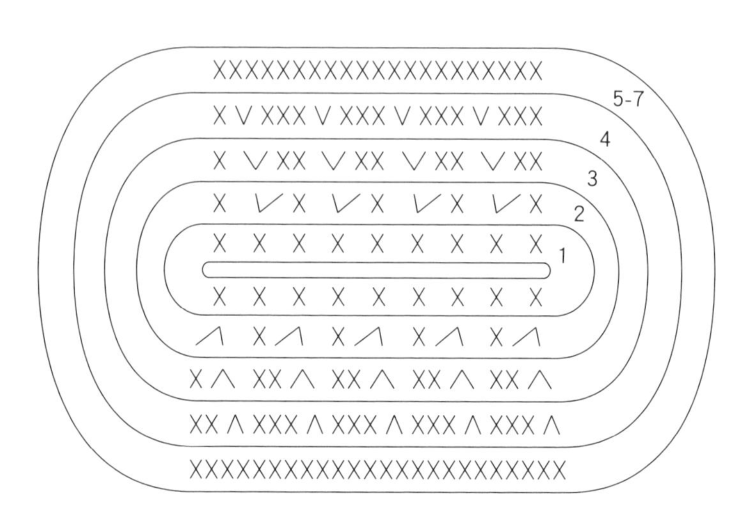

條紋上衣

段	針數	加減針	顏色
20～21	36	不加減	深藍
18～19	36	不加減	米白
16～17	36	不加減	深藍
14～15	36	不加減	米白
12～13	36	不加減	深藍
10～11	36	不加減	米白
8～9	36	不加減	深藍
6～7	36	不加減	米白
5	36	不加減	深藍
4	36	＋3針	
3	33	＋3針	米白
2	30	＋3針	
1	27	＋7針	

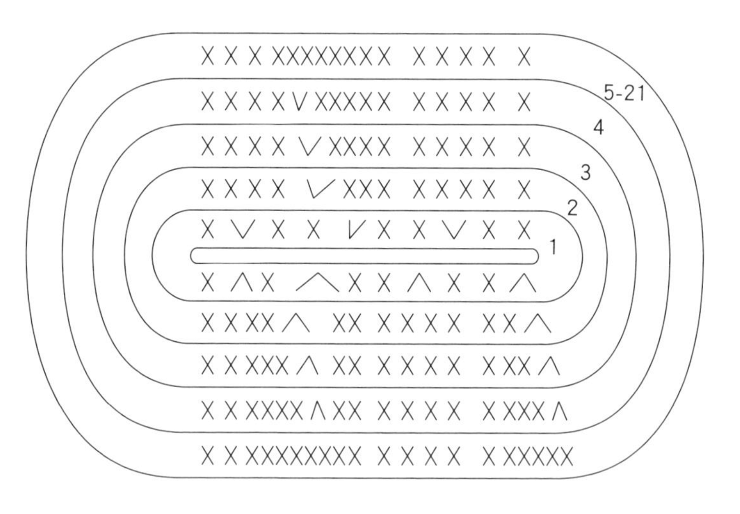

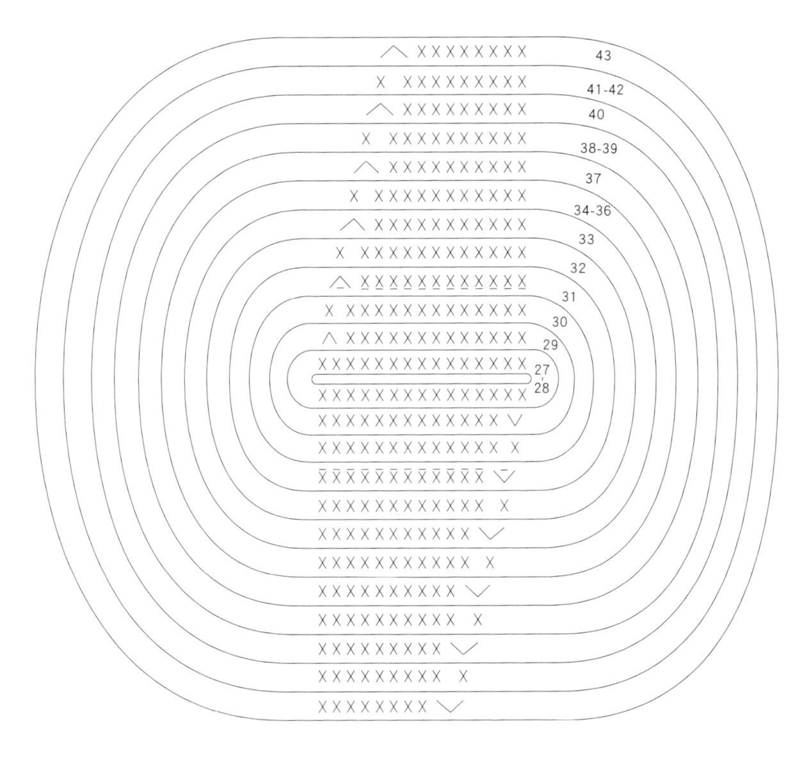

男生 身1組（迷彩花線）

將鉤至26段的雙腳合併，繼續往上鉤織身體至43段。完成後，在第31段畝針的另一條線上挑針，以迷彩花線鉤2段短針，作出衣襬。

段	針數	加減針
43	18	－2針
41～42	20	不加減
40	20	－2針
38～39	22	不加減
37	22	－2針
34～36	24	不加減
33	24	－2針
32	26	不加減
31	26	－2針，畝針
30	28	不加減
29	28	－2針
27～28	30	合併雙腳，不加減

衣襬

男生 鋼盔（迷彩花線）

段	針數	加減針
8～14	49	不加減
7	49	＋7針
6	42	＋7針
5	35	＋7針
4	28	＋7針
3	21	＋7針
2	14	＋7針
1	7	輪狀起針

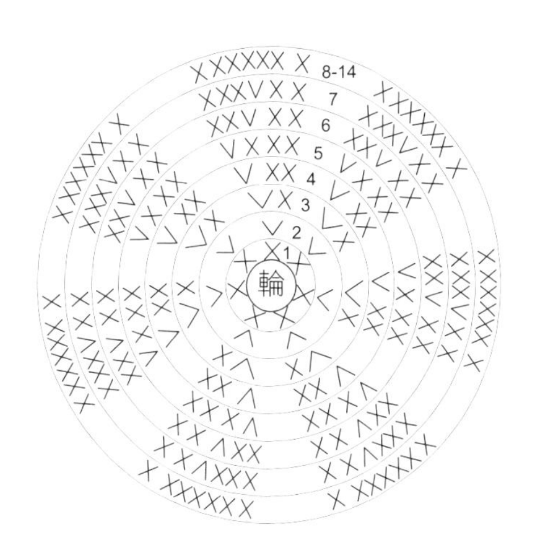

男生 鋼盔綁帶（黑）

起針處
鎖針26針

P.24

 8. 夢想之遨遊天際

線材

貝碧嘉／膚色（35）、深灰色（17）、白色（01）、淺紫色（31）、黑色（18），黃色（04），楓葉毛線／咖啡色（6311）

工具

5/0號鉤針．毛線針

作法

鎖針起針，由腳底開始往上鉤織。依織圖鉤織2個相同的腳，空姐至第25段剪線，機長至第27段剪線。將雙腳合併，繼續往上鉤身體。分別依織圖鉤織頭部與雙手。在空姐身體上挑針鉤織裙子，在機長雙腳上挑針鉤織褲腳。將三片外套織片縫合，套入身體，縫合前襟，再縫合頭部與雙手。製作頭髮，裝上眼睛，以保麗龍膠黏合各個配件，在臉頰撲上腮紅，完成！

共用織圖 頭1個（膚）

織圖請見P.52。

空姐 手2隻

段	針數	加減針	顏色
8～19	8	不加減	淺紫
7	8	－2針	
6	10	不加減	膚
5	10	不加減	
3～4	10	不加減	
2	10	＋5針	
1	5	輪狀起針	

※第5段第2針鉤爆米花針。

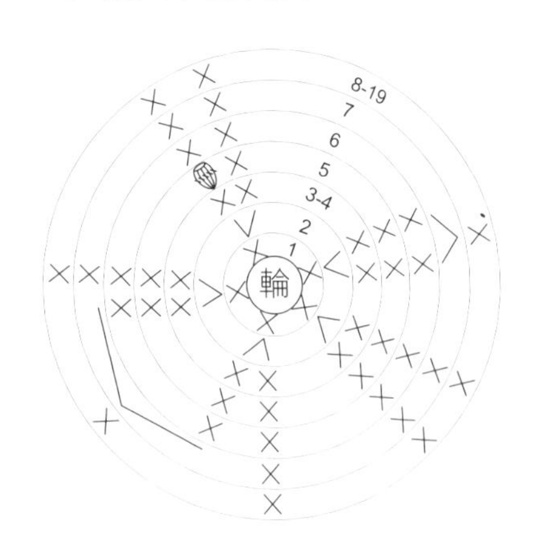

空姐 裙子（淺紫）

窄裙第一段是直接在娃娃身體上挑針鉤織。挑身體34段另一條線，依織圖以輪編方式，由腰際開始往裙襬鉤織。

段	針數	加減針
8	24	不加減，短針
7	24	－6針，長針
6	30	－6針，長針
4～5	36	不加減，長針
3	36	＋6針，長針
2	30	＋6針，長針
1	24	不加減，長針

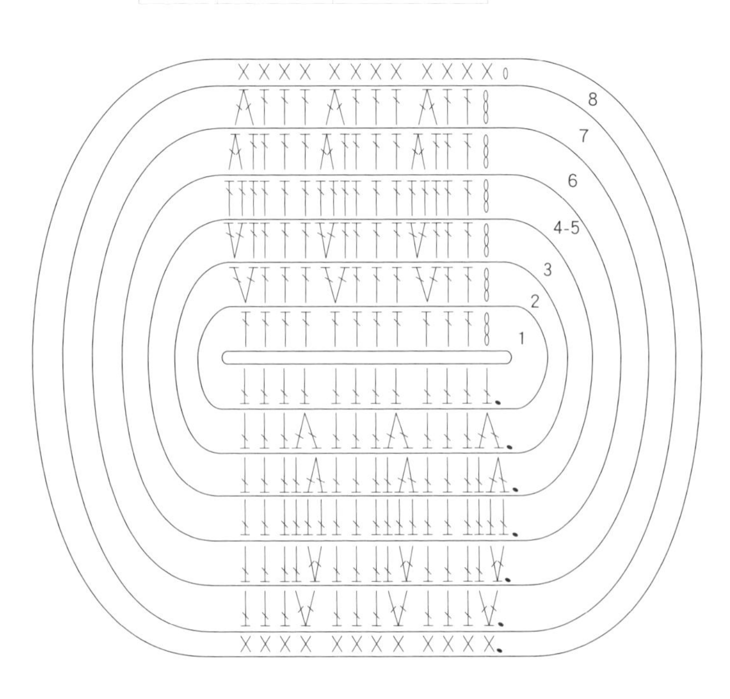

空姐 腳+身1組

部位	段	針數	加減針	顏色
身體1個	44	18	不加減	白
	43	18	－2針	
	42	20	－4針	
	41	24	－4針	
	40	28	＋2針	
	39	26	不加減	
	38	26	＋4針	
	36～37	22	不加減	
	35	22	－2針	
	34	24	不加減，畝針	淺紫
	33	24	不加減	
	32	24	－2針	膚
	31	26	不加減	
	30	26	－2針	
	29	28	不加減	
	28	28	－2針	白
	27	30	不加減	
	26	30	合併雙腳，不加減	
腳2個	24～25	15	不加減	
	11～23	15	不加減	膚
	10	15	－2針	
	9	17	－2針	
	8	19	－2針	
	7	21	－3針	白
	4～6	24	不加減	
	3	24	＋6針	
	2	18	＋6針	
	1	12	短針12	
	起針	6	鎖針起針	

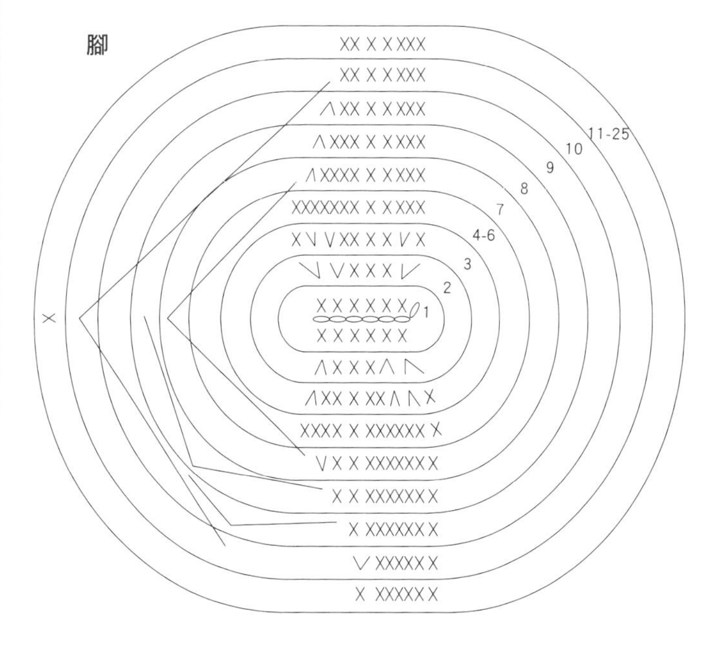

身

空姐 空姐外套（淺紫）

左前衣身・右前衣身（請留意相對減針位置）

鎖針起針10針，以往復編不加減針鉤織8段，第9段開始依織圖減針，作出V領。最後沿V領的減針針目，挑針鉤織長針。

後衣身

鎖針起針18針，以往復編依織圖減針，鉤織14段。完成後，兩側分別縫合左、右前衣身，套在娃娃身上，再縫合前襟，加上裝飾與釦子。

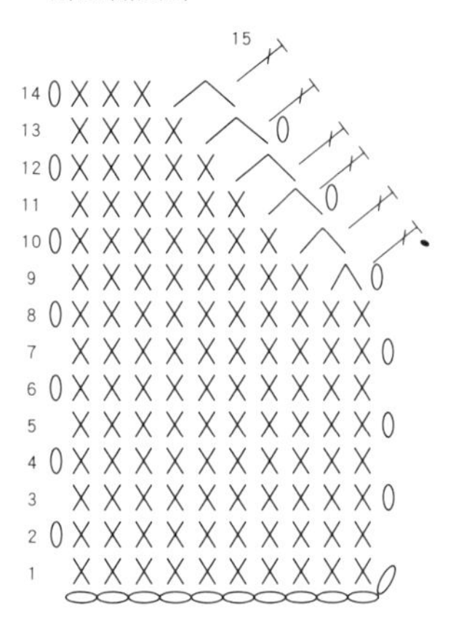

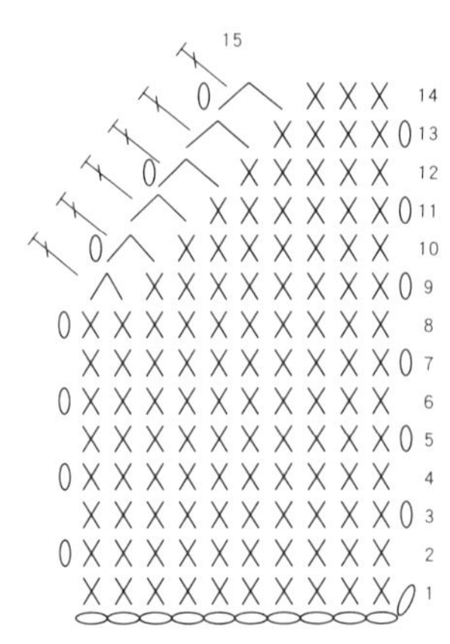

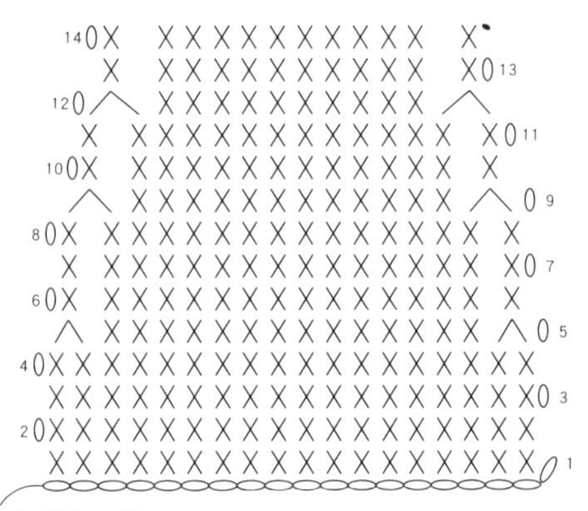

起針處 鎖針18針

機長 手2隻

段	針數	加減針	顏色
13～23	10	不加減	黑
12	10	不加減	黃
11	10	不加減	黑
10	10	不加減	黃
8～9	10	不加減	黑
6～7	10	不加減	膚
5	10	不加減	
3～4	10	不加減	
2	10	＋5針	
1	5	輪狀起針	

※第5段第2針鉤爆米花針。

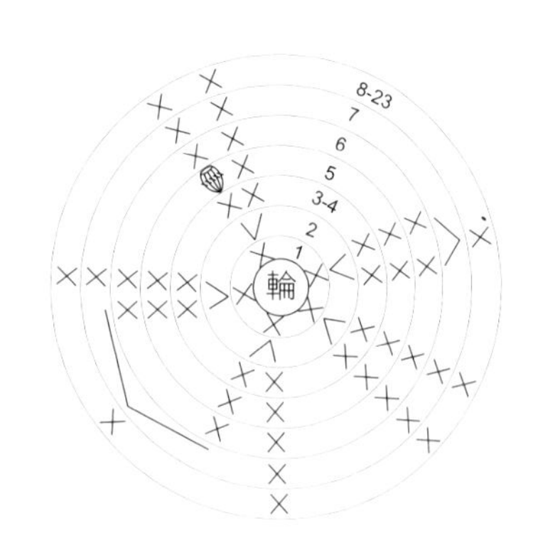

機長 腳+身1組

部位	段	針數	加減針	顏色
身體1個	50	18	－2針	白
	49	20	不加減	
	48	20	－2針	
	42～47	22	不加減	
	41	22	－2針	
	38～40	24	不加減	
	37	24	－2針	
	35～36	26	不加減	
	34	26	－2針	
	32～33	28	不加減	黑
	31	28	－2針	
	29～30	30	不加減	
	28	30	合併雙腳，不加減	
腳2個	15～27	15	不加減	
	14	15	不加減，畝針	
	11～13	15	不加減	
	10	15	－2針	
	9	17	－2針	
	8	19	－2針	
	7	21	－3針	
	4～6	24	不加減	
	3	24	＋6針	
	2	18	＋6針	
	1	12	短針12針	
	起針	6	鎖針起針	

腳

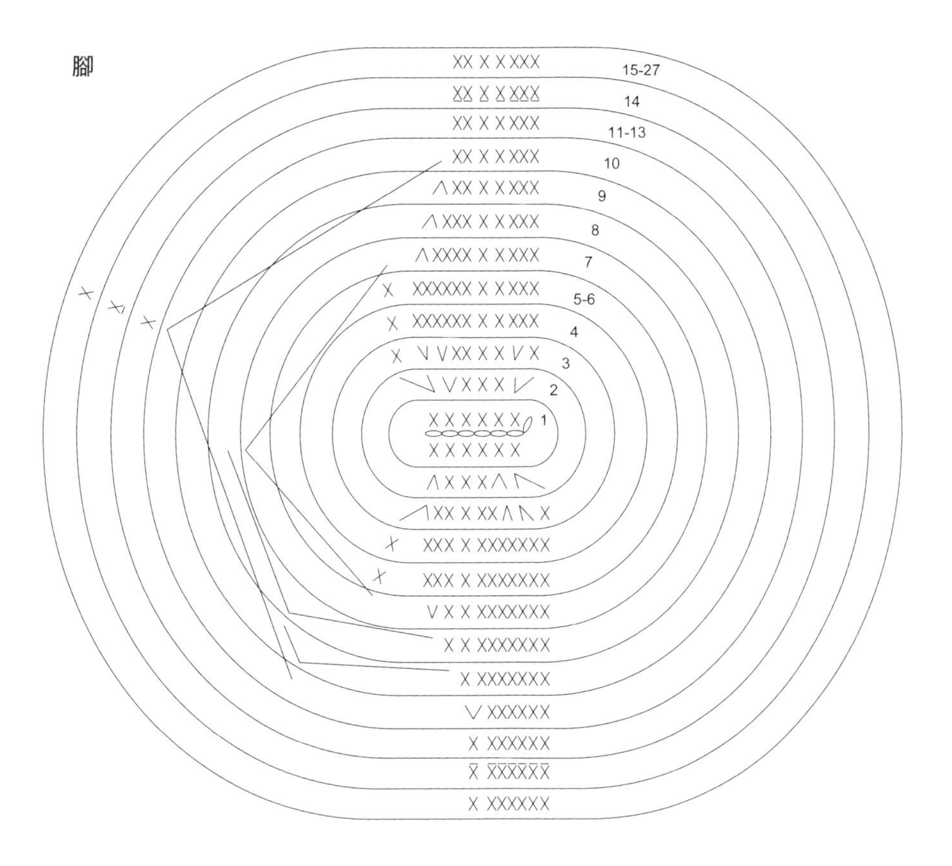
15-27
14
11-13
10
9
8
7
5-6
4
3
2
1

身

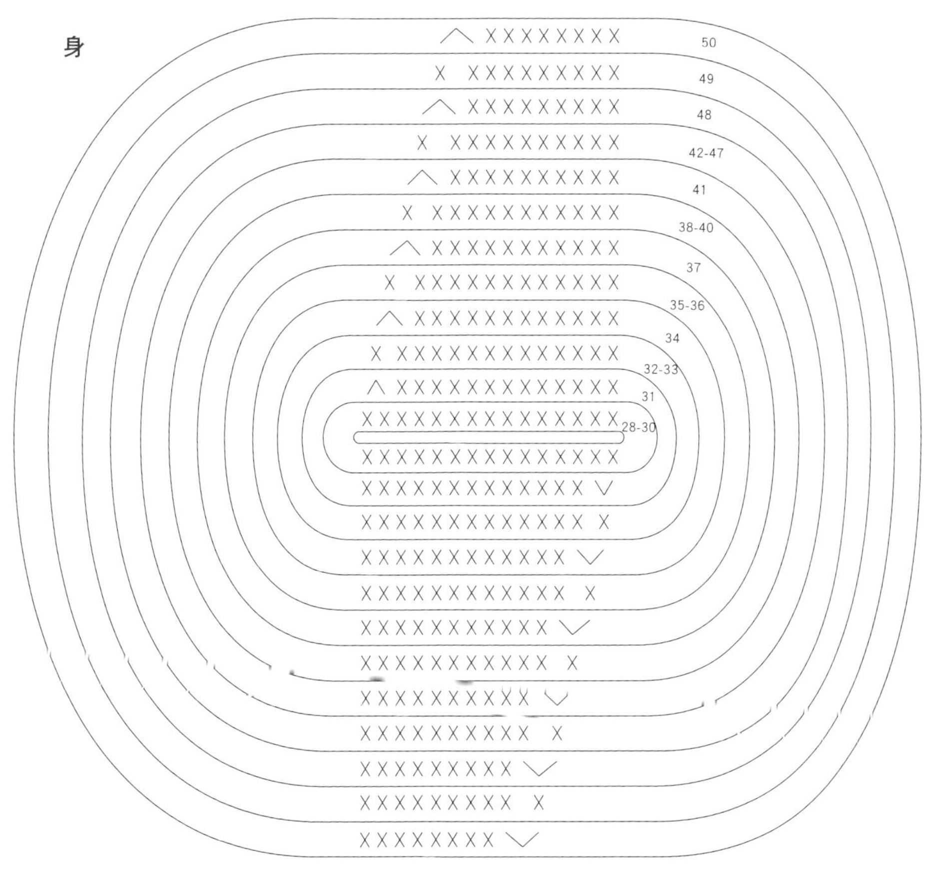
50
49
48
42-47
41
38-40
37
35-36
34
32-33
31
28-30

機長 機長外套（黑）

左前衣身・右前衣身
（請留意相對減針位置）

鎖針起針10針，以往復編不加減針鉤織15段，第16段開始依織圖減針，作出V領。最後沿V領的減針針目，挑針鉤織長針。

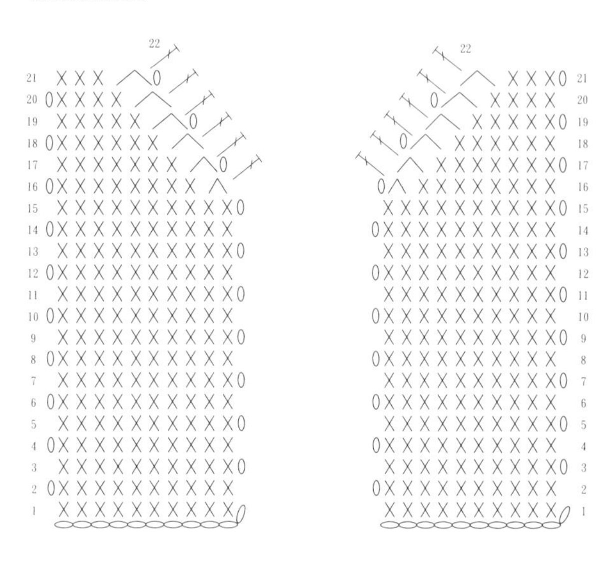

後衣身

鎖針起針22針，以往復編依織圖減針，鉤織21段。完成後，兩側分別縫合左、右前衣身，套在娃娃身上，再縫合前襟，加上裝飾與釦子。

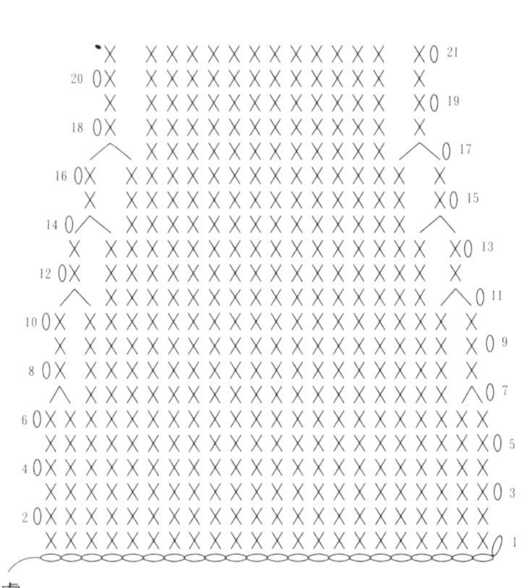

機長 褲腳（黑）

第一段是直接在娃娃雙腳的第14段挑另一條線，依織圖以輪編方式加針鉤織。

在雙腳第14段挑針，輪編

機長 頭髮（楓葉毛線咖啡色）

以珠針或消失筆標示出頭髮範圍，同樣使用5/0號鉤針，以楓葉毛線直接在娃娃頭部挑針鉤織短針。首先從後腦左下方開始往右邊挑針鉤織，往復編鉤織約10～11段，接著改以輪編挑針方式鉤織頭頂部分。

P.26

9. 我們結婚吧

線材

貝碧嘉／膚色（25）、白色（01）、咖啡色（26），紅色（14），金蔥彩線／金色（TX583），娃娃紗／紅色（18），諾古力／白色（01）

工具

5/0，6/0號鉤針・毛線針

作法

鎖針起針，由腳底開始往上鉤織。依織圖鉤織2個相同的腳，女生鉤至第25段剪線，男生鉤至第26段剪線。將雙腳合併，繼續往上鉤身體，在新娘身體上挑針鉤織抹胸和蓬裙。將三片新郎禮服織片縫合，套入身體，縫合前襟，再縫合娃娃的頭、手。製作頭髮、領結、禮帽等，裝上眼睛，以保麗龍膠黏合各個配件，完成！

共用織圖 頭1個（膚）

織圖請見P.52。

共用織圖 髮套（咖啡）

段	針數	加減針
22	32	爆米花針・短針
9～21	48	不加減
8	48	+6針
7	42	+6針
6	36	+6針
5	30	+6針
4	24	+6針
3	18	+6針
2	12	+6針
1	6	輪狀起針

共用織圖 手2隻

段	針數	加減針	顏色
7～22	8	不加減	白（男）
6	8	−2針	
7～18	8	不加減	膚（女）
6	8	−2針	
5	10	不加減	膚
4	10	不加減	
3	10	不加減	
2	10	+5針	
1	5	輪狀起針	

※第4段第2針鉤爆米花針。

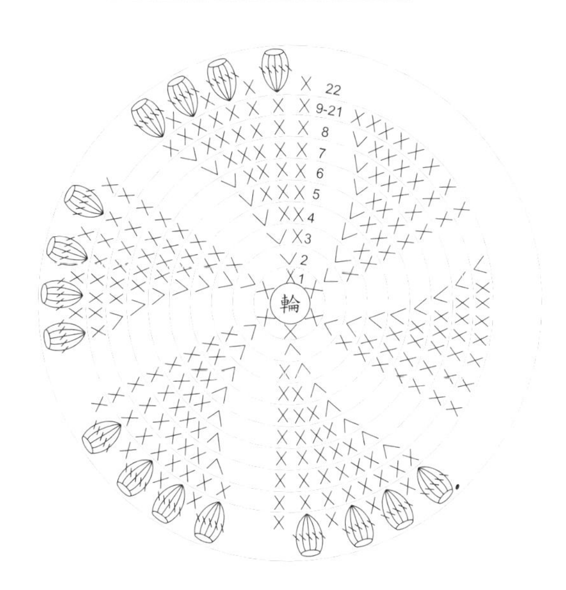

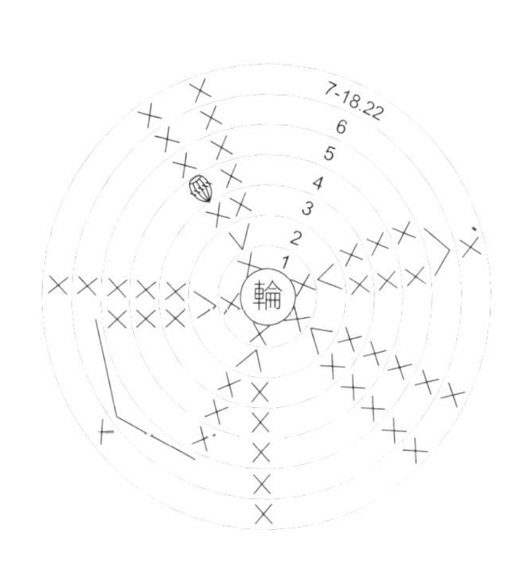

女生 腳+身1組

部位	段	針數	加減針	顏色
身體1個	44	18	不加減	膚
	43	18	－3針	
	39～42	21	不加減	
	38	21	－3針，畝針	
	35～37	24	不加減	白
	34	24	－2針	
	32～33	26	不加減	
	31	26	不加減，畝針	
	30	26	不加減	
	29	26	－2針	膚
	28	28	－2針	
	27	30	－2針	
	26	32	合併雙腳，不加減	
腳2個	23～25	16	不加減	
	22	16	＋2針	
	8～21	14	不加減	
	7	14	－4針	
	6	18	－5針	
	4～5	23	不加減	
	3	23	＋4針	
	2	19	＋3針	
	1	16	短針16針	
	起針	6	鎖針起針	

※身體第30～37段的白色，使用貝碧嘉白色和諾古力白色，以雙線鉤織。

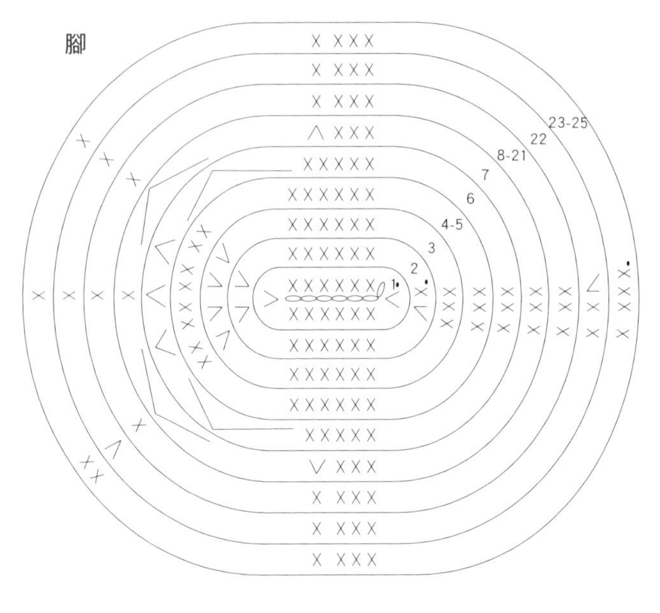

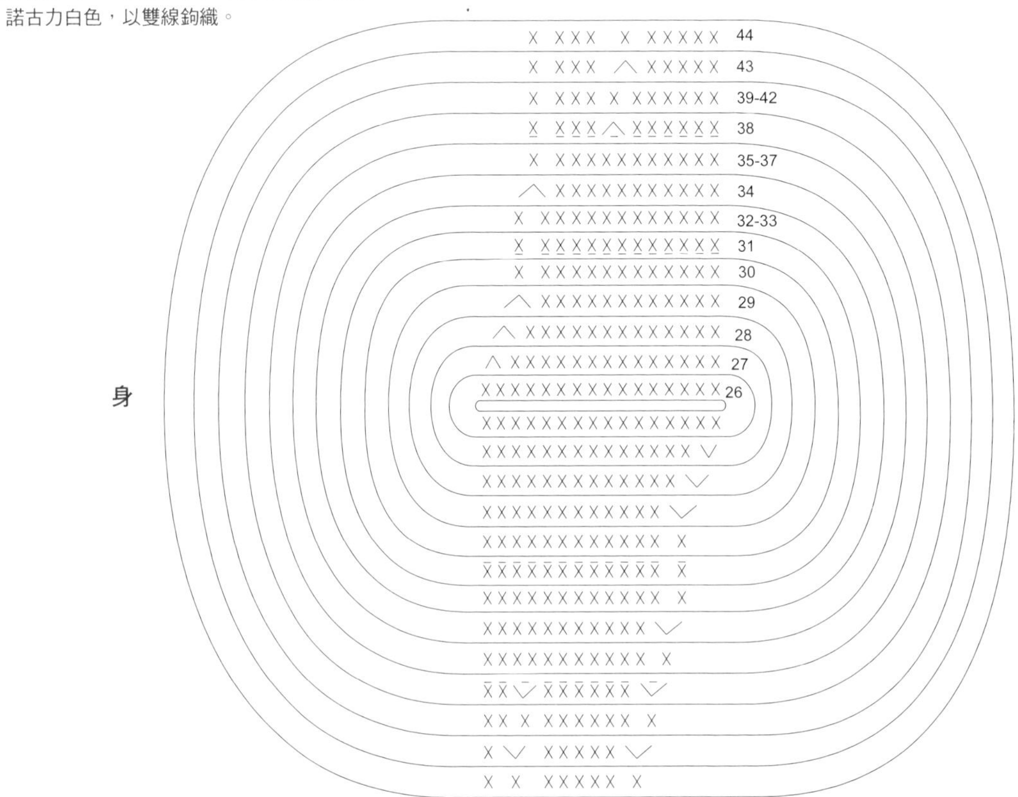

女生 白紗禮服（白）

使用貝碧嘉白色和諾古力白色，以雙線鉤織。分抹胸與蓬裙兩部分，第1段皆是直接在身體上挑畝針另一條線鉤織。

蓬裙

在身體31段的畝針挑針，從腰際往裙襬方向鉤織，依織圖進行長針的輪編，鉤至21段。接著將蓬裙第1段上提，與身體38段縫合，製造蓬蓬裙感。

段	針數	加減針
7～21	91	不加減
6	91	＋13針
5	78	＋13針
4	65	不加減
3	65	＋13針
2	52	＋13針
1	39	＋13針

抹胸

在身體38段的畝針挑針，取正中間10針，依織圖分左右兩塊進行5段往復編，再沿上緣鉤織一圈短針。

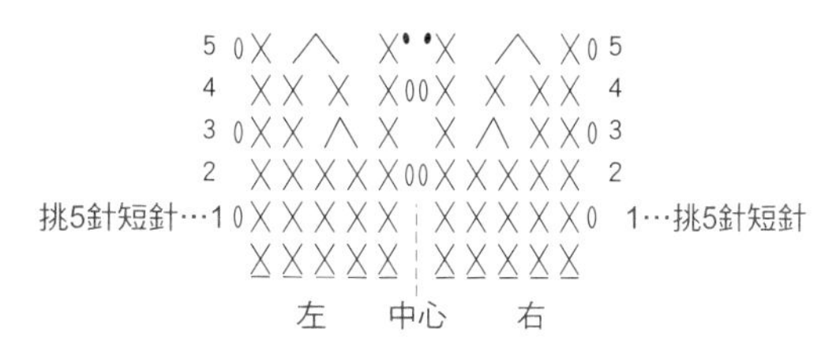

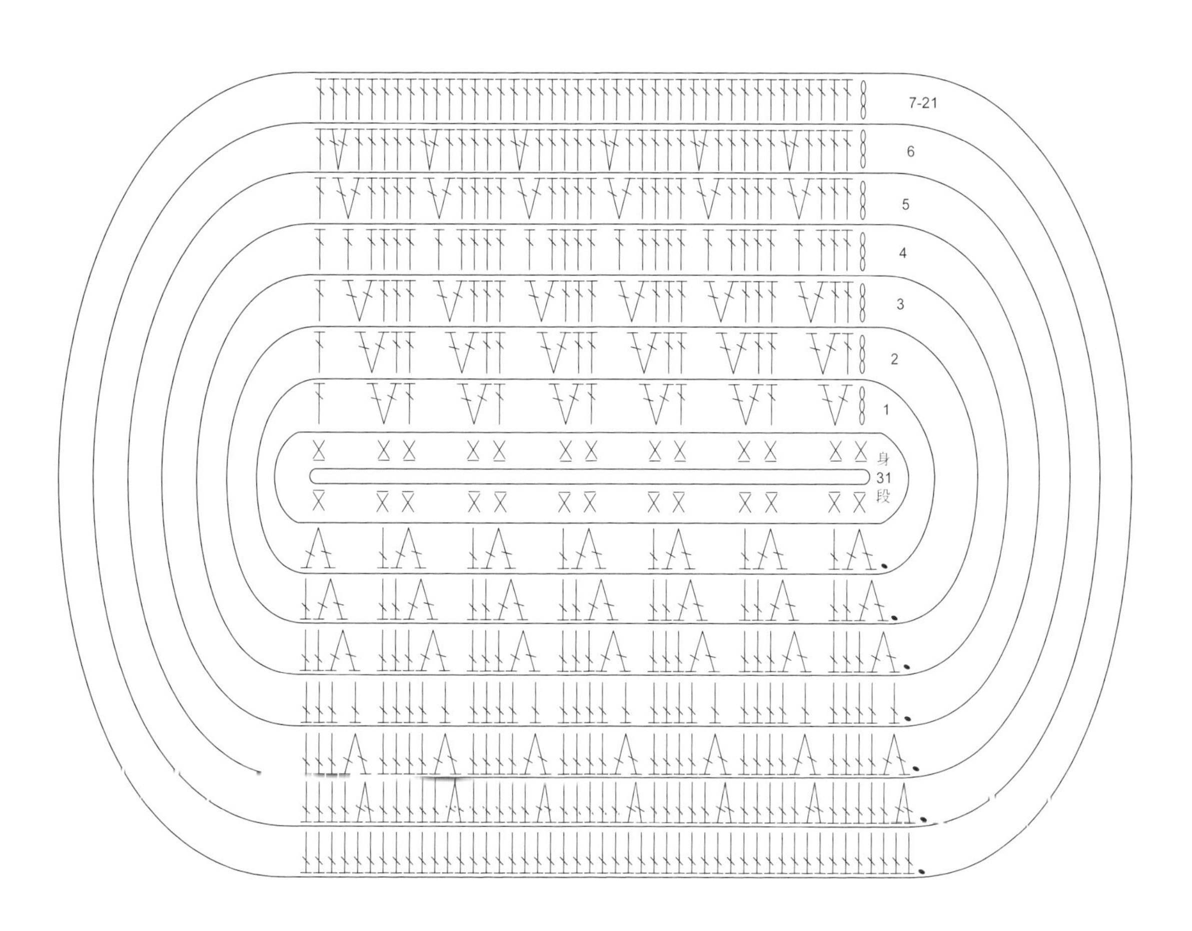

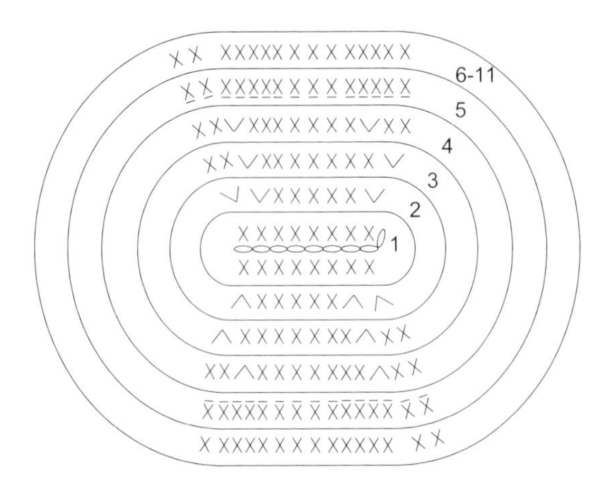

女生 鞋子（金蔥彩線金色）

使用6/0號鉤針，取兩條金蔥彩線以雙線鉤織。

段	針數	加減針
6～11	30	不加減
5	30	不加減，畝針
4	30	+4針
3	26	+4針
2	22	+6針
1	16	短針16針
起針	8	鎖針起針

女生 髮髻（咖啡）

段	針數	加減針
6～10	30	不加減
5	30	+6針
4	24	+6針
3	18	+6針
2	12	+6針
1	6	輪狀起針

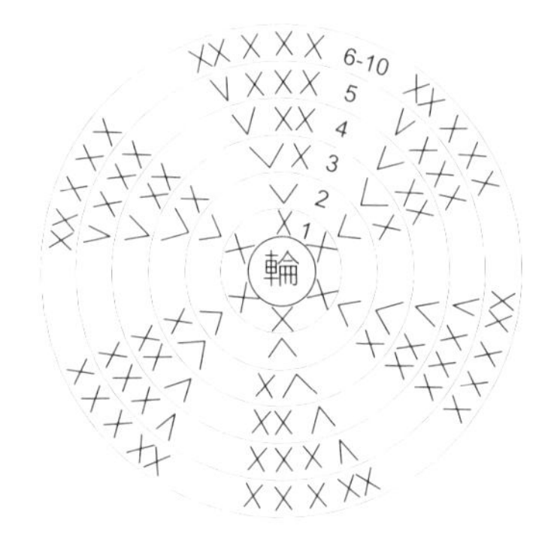

男生 禮帽

段	針數	加減針	顏色
14	36	+6針	白
13	30	+6針	
12	24	+6針	
10～11	18	不加減	紅
5～9	18	不加減	白
4	18	不加減，畝針	
3	18	+6針	
2	12	+6針	
1	6	輪狀起針	

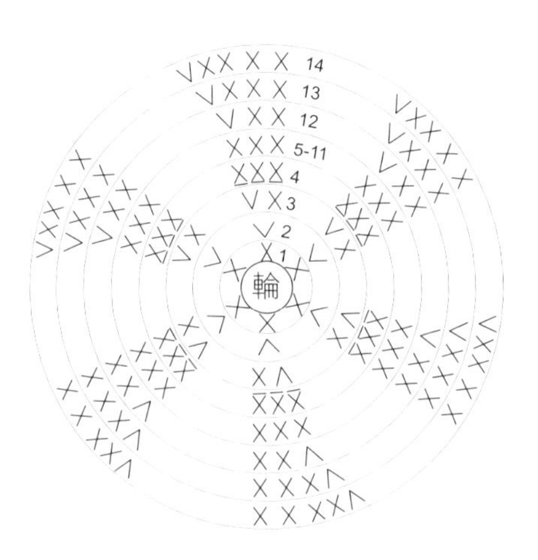

男生 腳+身1組

部位	段	針數	加減針	顏色
身體1個	50	18	－2針	膚
	49	20	不加減	
	48	20	－2針	
	42～47	22	不加減	
	41	22	－2針	
	38～40	24	不加減	
	37	24	－2針	
	36	26	不加減	
	35	26	不加減	白
	34	26	－2針	
	32～33	28	不加減	
	31	28	－2針	
	27～30	30	合併雙腳，不加減	
腳2個	11～26	15	不加減	
	10	15	－2針	
	9	17	－2針	
	8	19	－2針	
	7	21	－3針	
	4～6	24	不加減	
	3	24	＋6針	
	2	18	＋6針	
	1	12	短針12針	
	起針	5	鎖針起針	

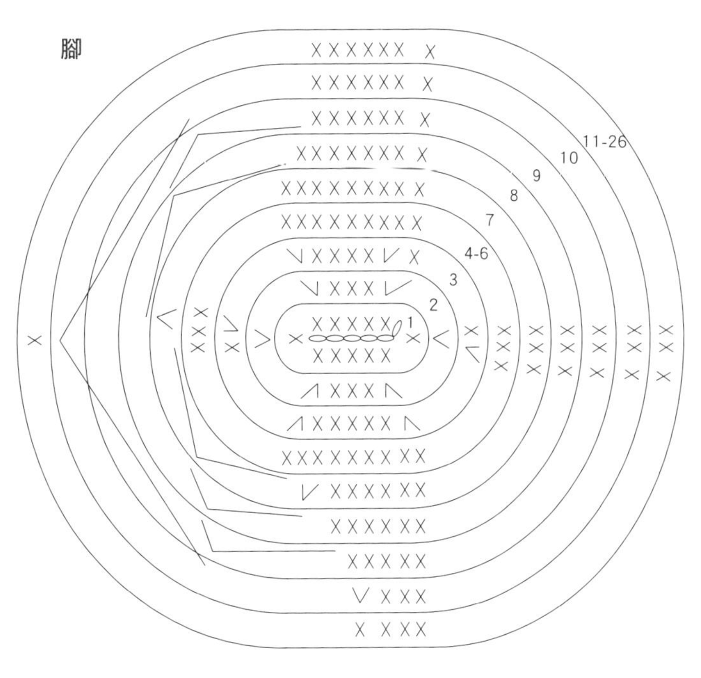

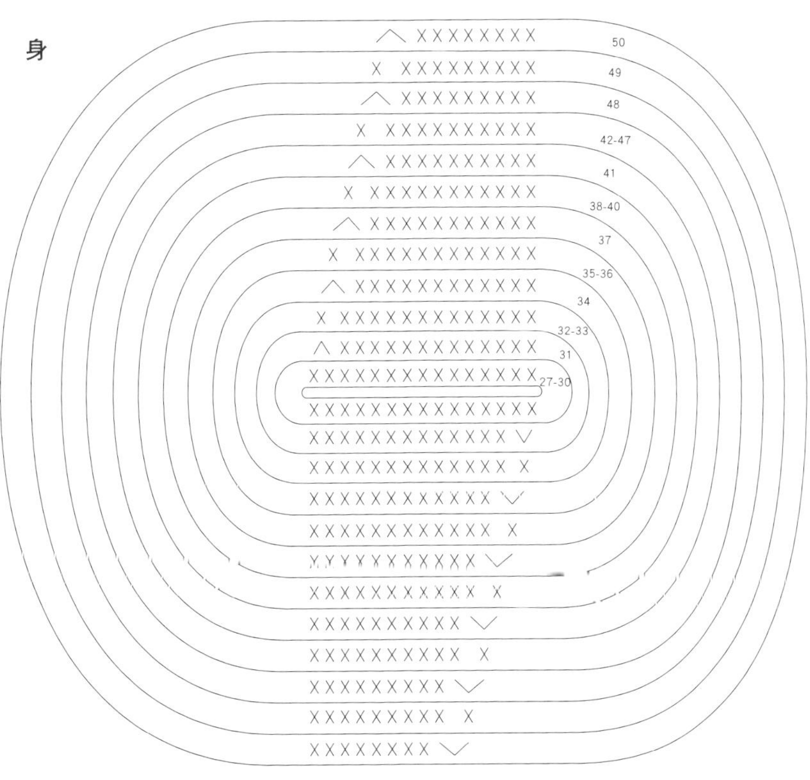

男生 禮服外套（白）

左前衣身・右前衣身（請留意相對減針位置）

鎖針起針10針，以往復編不加減針鉤織12段，第13段開始依織圖減針，作出V領。最後沿V領的減針針目，挑針鉤織長針。

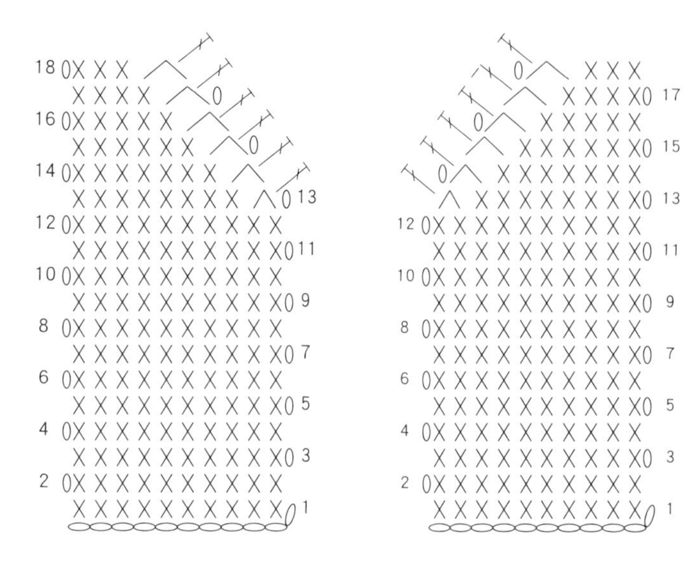

後衣身

鎖針起針22針，以往復編依織圖減針，鉤織18段。完成後，兩側分別縫合左、右前衣身，套在娃娃身上，再縫合前襟與釦子。

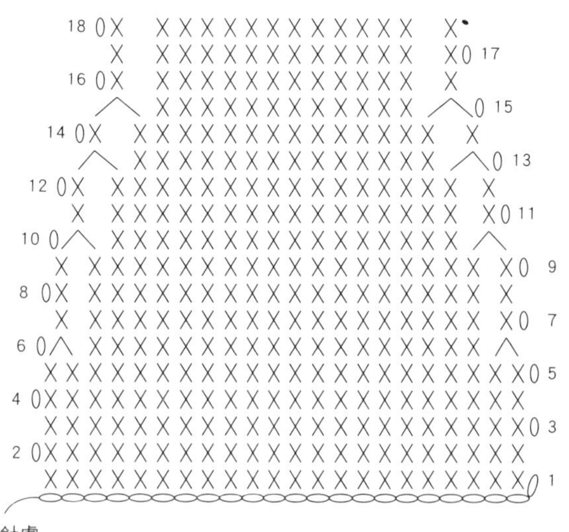

男生 領結（娃娃紗紅色）

鎖針起針9針，以往復編鉤織3段短針，接著在中間繞線打結，即可完成蝴蝶結。

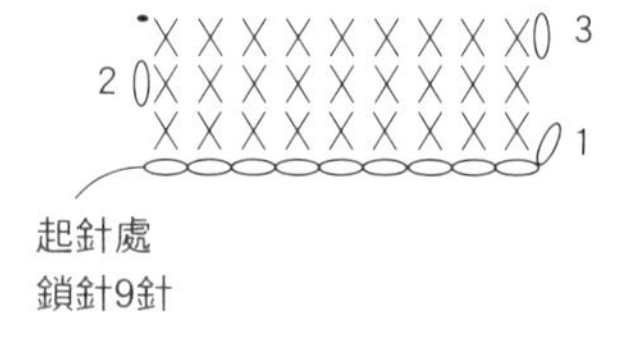

How to make

P.28

10. 一定要幸福唷

線材

貝碧嘉／膚色（35）、白色（01），咖啡色（26），金蔥彩線／銀色（TX1），派對紗花線／粉紅色（53）、咖啡色（60）

工具

5/0，6/0號鉤針．毛線針

作法

鎖針起針，由腳底開始往上鉤織。依織圖鉤織2個相同的腳，至第26段剪線。將雙腳合併，繼續往上鉤織身體。女生先縫合頭、手，將禮服的鎖針起針斜掛於肩上，直接鉤織。男生則是先將三片燕尾服織片縫合，套入身體，縫合前襟、鈕釦，再縫合頭、手。製作頭髮、裝上眼睛，以保麗龍膠黏合各個配件，完成！

共用織圖 手2隻

段	針數	加減針	顏色
7～21	8	不加減	膚（女） 派對紗花線 咖啡色（男）
6	8	－2針	
5	10	不加減	膚
4	10	不加減	
3	10	不加減	
2	10	＋5針	
1	5	輪狀起針	

※第4段第2針鉤爆米花針。

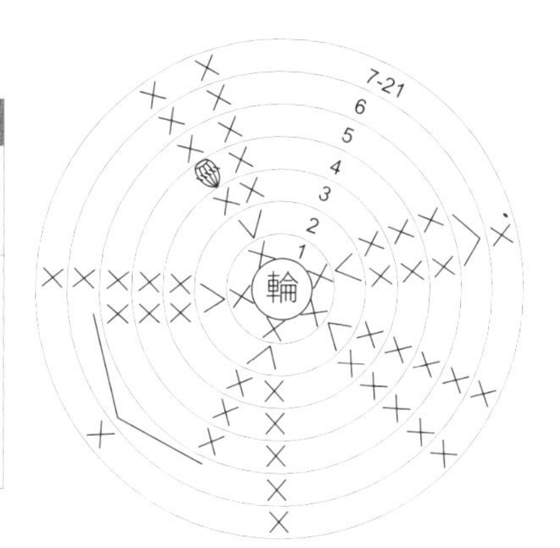

共用織圖 頭1個（膚）

織圖請見P.52。

女生 鞋子（金蔥彩線銀色）

使用6/0號鉤針，取兩條金蔥彩線以雙線鉤織。

段	針數	加減針
6～11	30	不加減
5	30	不加減，畝針
4	30	＋4針
3	26	＋4針
2	22	＋6針
1	16	短針16針
起針	8	鎖針起針

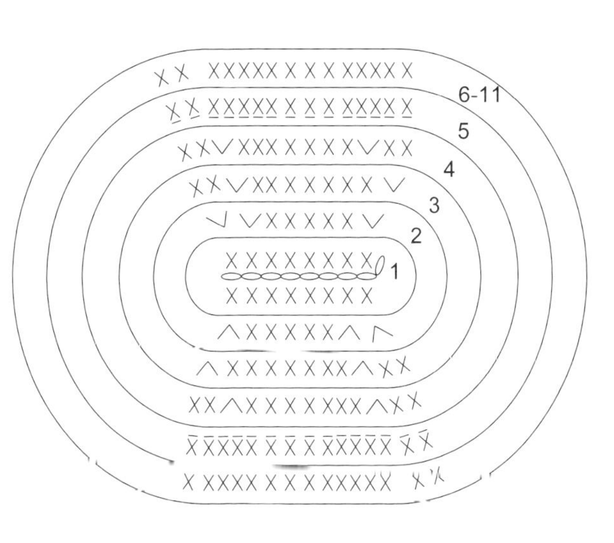

女生 腳+身1組（膚色）

部位	段	針數	加減針
身體1個	50	18	－2針
	49	20	不加減
	48	20	－2針
	43～47	22	不加減
	42	22	－2針
	39～41	24	不加減
	38	24	－2針
	35～37	26	不加減
	34	26	－2針
	28～33	28	不加減
	27	28	合併雙腳，不加減
腳2個	9～26	14	不加減
	8	14	－2針
	7	16	－2針
	6	18	－6針
	4～5	24	不加減
	3	24	＋4針
	2	20	＋6針
	1	14	短針14針
	起針	6	鎖針起針

腳

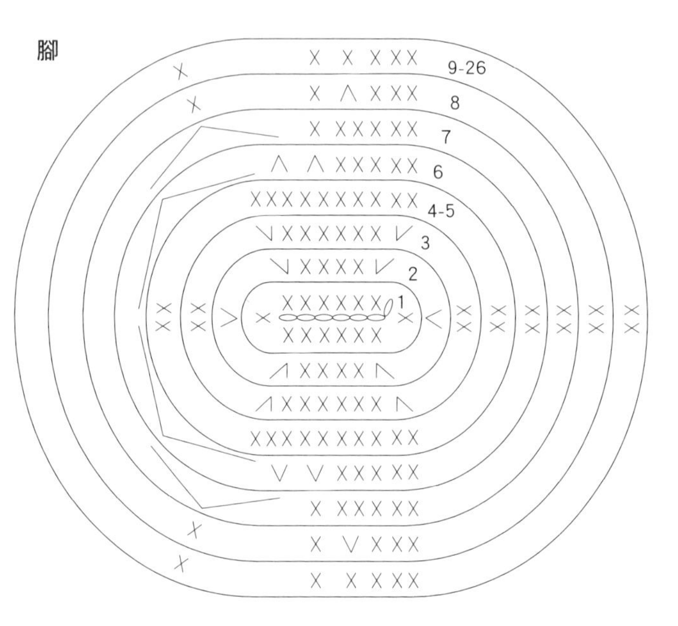

身

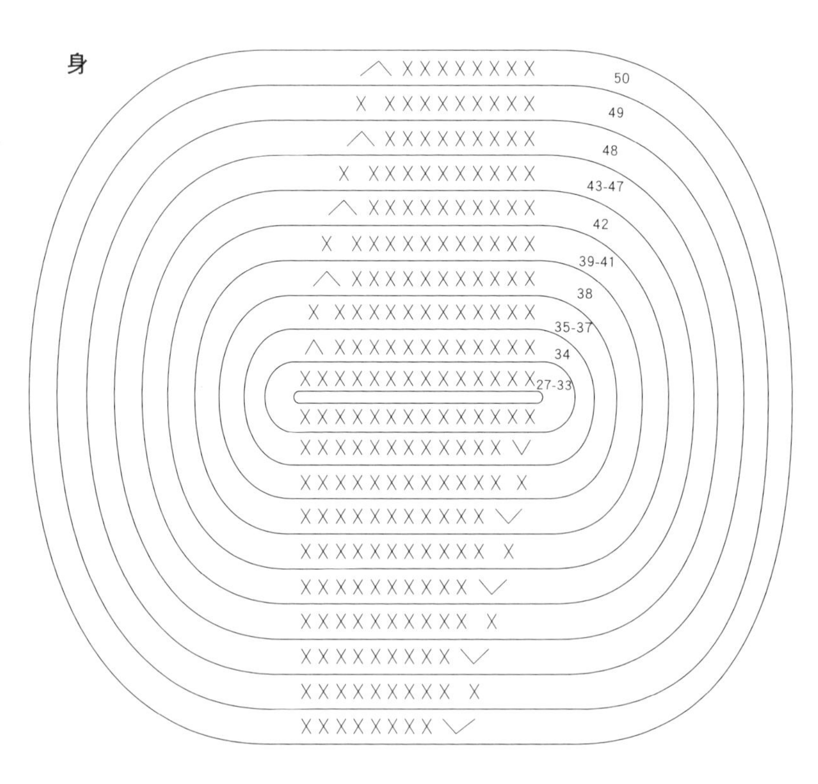

女生 禮服（派對紗花線粉紅色）

依織圖完成禮服後，在裙襬13、15、17、19段挑針鉤織四層荷葉邊。

段	針數	加減針
20	36	不加減
19	36	不加減，畝針
18	36	不加減
17	36	不加減，畝針
16	36	不加減
15	36	不加減，畝針
14	36	不加減
13	36	＋3針，畝針
12	33	不加減
11	33	＋3針
9～10	30	不加減
8	30	＋3針
7	27	＋3針
5～6	24	不加減
4	24	－6針
3	30	－1針
2	31	－4針（改鉤鎖針7針）
1	35	短針35針
起針	35	鎖針起針

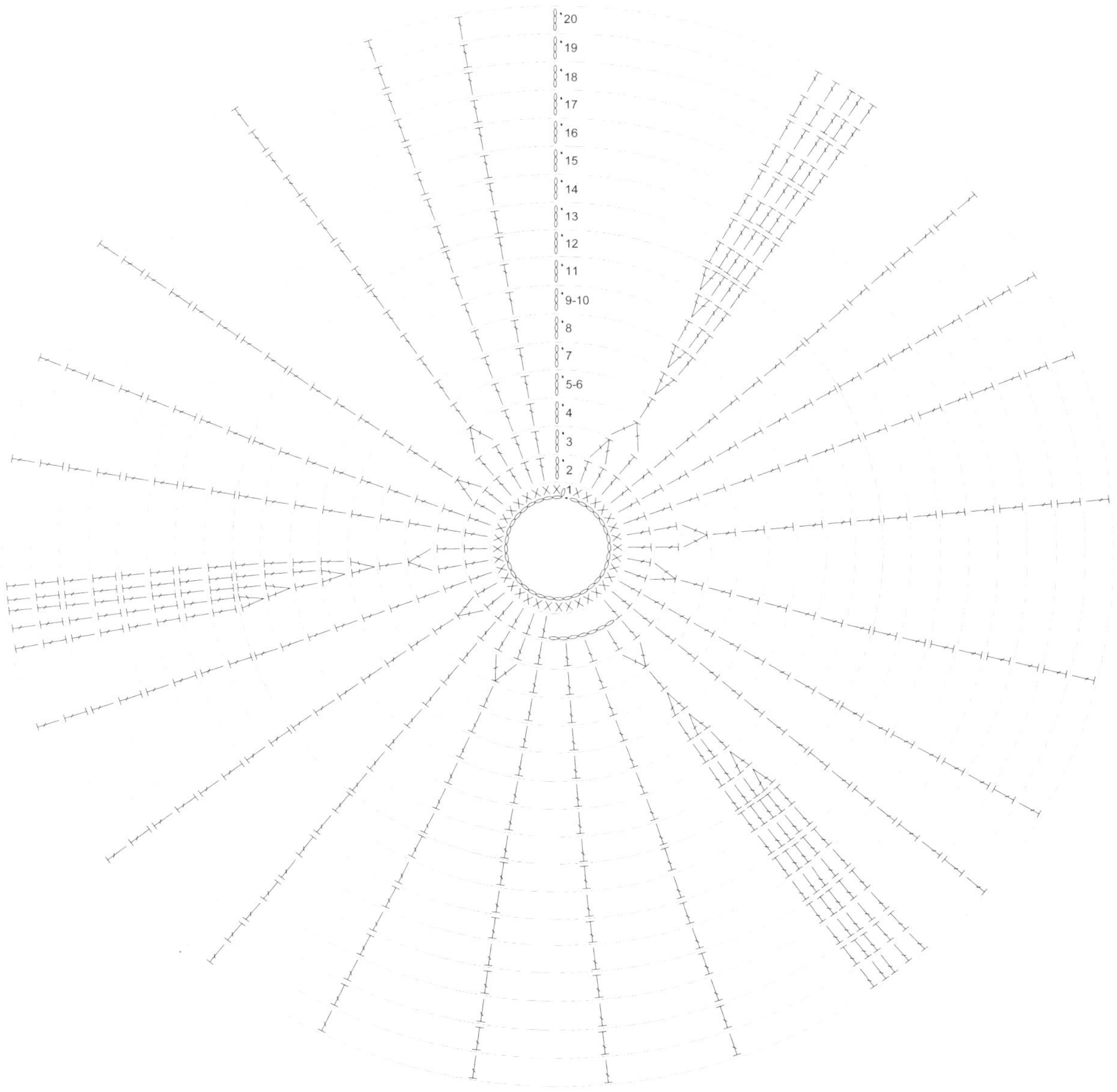

女生 裙襬荷葉邊

分別在禮服第13、15、17、19段挑畝針的另一條線，依織圖重複鉤織1短針與5長針加針，直到該段鉤完。

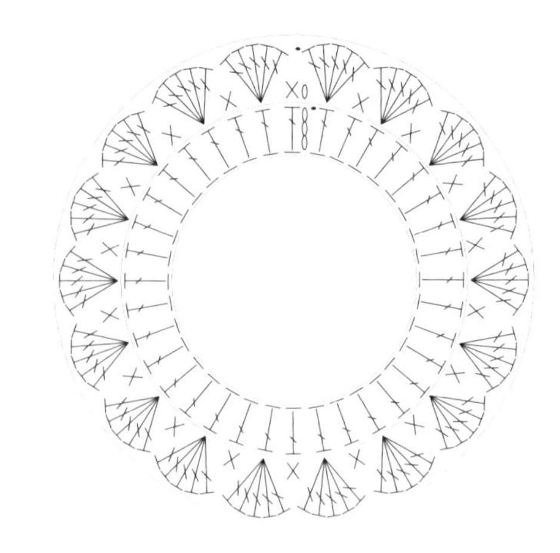

女生 頭髮（咖啡色）

將咖啡色毛線剪成約35cm的線段備用。一邊依織圖鉤織短針，一邊夾入線段固定，作法請參照P.46。

段	針數	加減針
9～18	32	不加減，往復編
8	32	－10針
7	42	＋6針
6	36	＋6針
5	30	＋6針
4	24	＋6針
3	18	＋6針
2	12	＋6針
1	6	輪狀起針

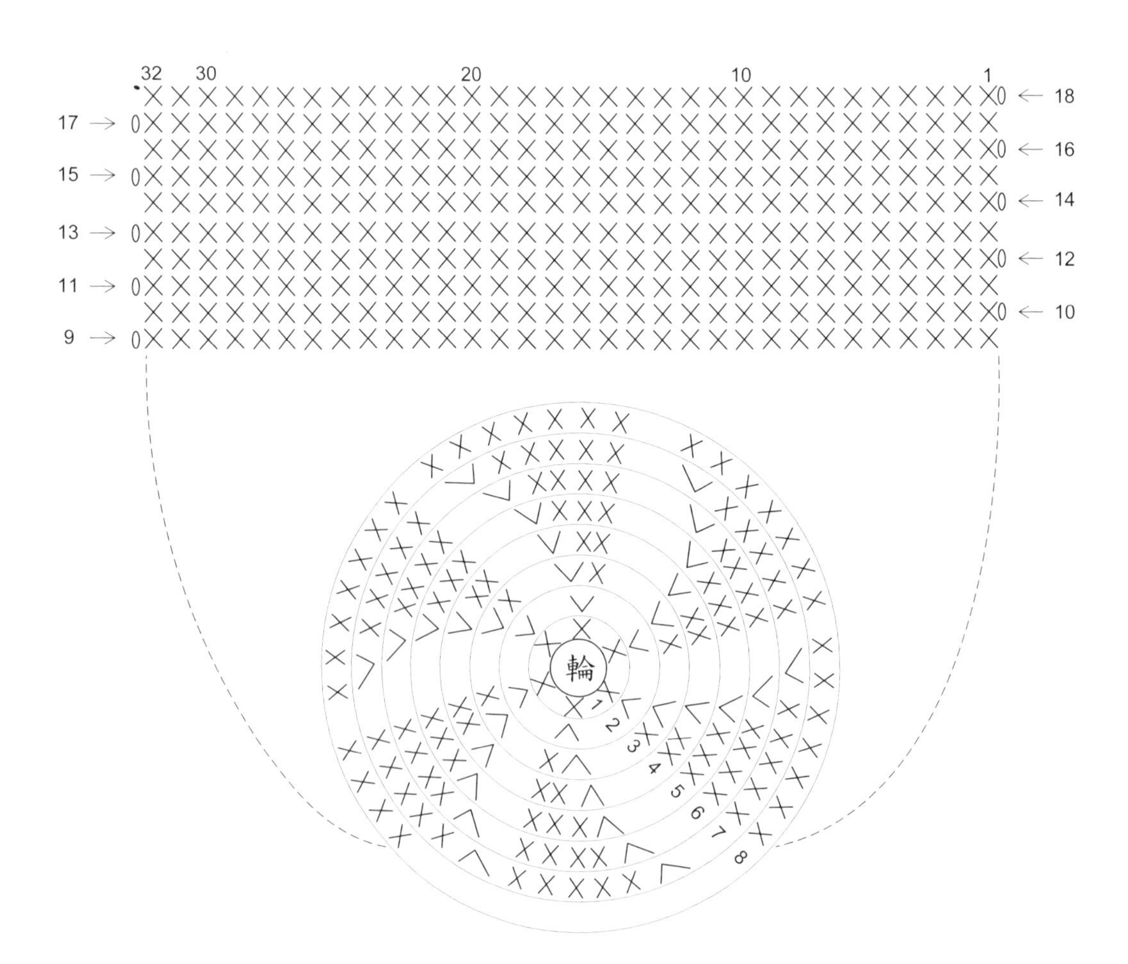

男生 腳+身1組

部位	段	針數	加減針	顏色
身體1個	50	18	－2針	白
	49	20	不加減	
	48	20	－2針	
	42～47	22	不加減	
	41	22	－2針	
	38～40	24	不加減	
	37	24	－2針	派對紗花線咖啡色
	36	26	不加減	
	35	26	不加減	
	34	26	－2針	
	32～33	28	不加減	
	31	28	－2針	
	27～30	30	合併雙腳，不加減	
腳2個	15～26	15	不加減	
	14	15	不加減，畝針	
	11～13	15	不加減	
	10	15	－2針	
	9	17	－2針	
	8	19	－2針	金蔥彩線銀色
	7	21	－3針	
	4～6	24	不加減	
	3	24	＋6針	
	2	18	＋6針	
	1	12	短針12針	
	起針	5	鎖針起針	

※在雙腳第14段畝針的另一條線上，以花線鉤織2段短針，作出褲管模樣。

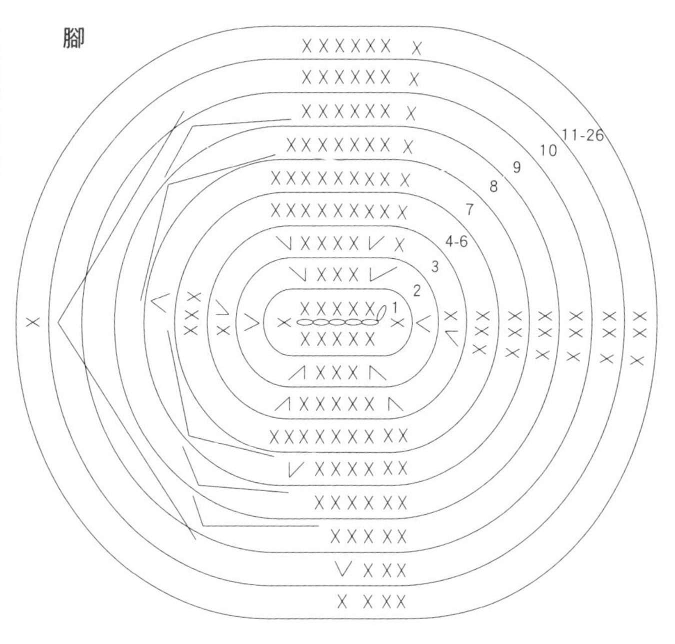

身

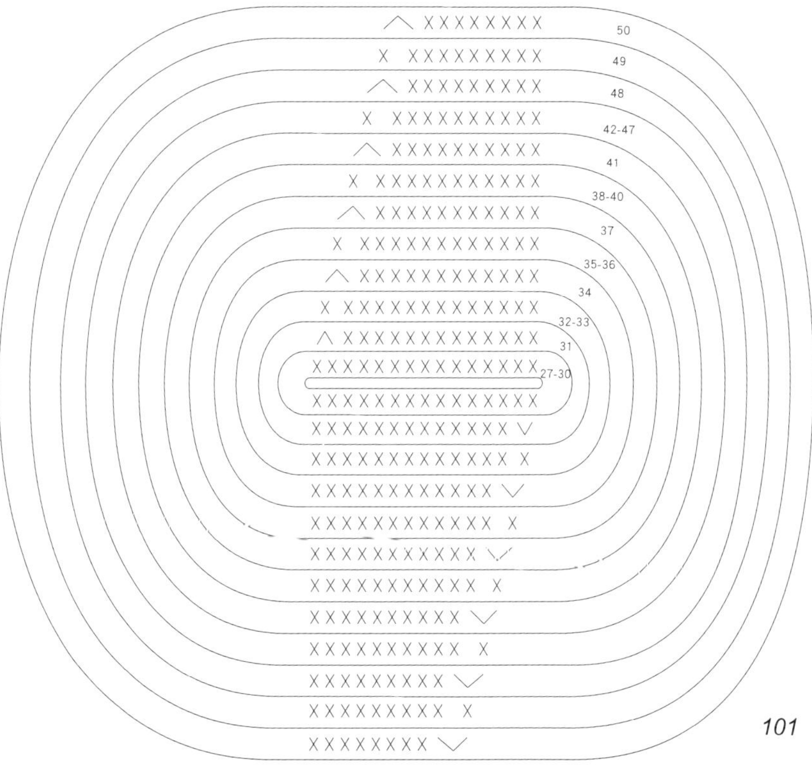

男生 燕尾服（派對紗花線咖啡色）

左前衣身・右前衣身（請留意相對減針位置）

鎖針起針10針，以往復編不加減針鉤織8段，第9段開始依織圖減針，作出V領。

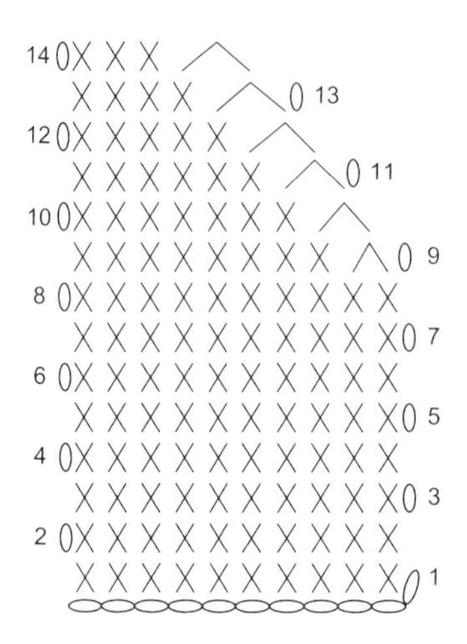

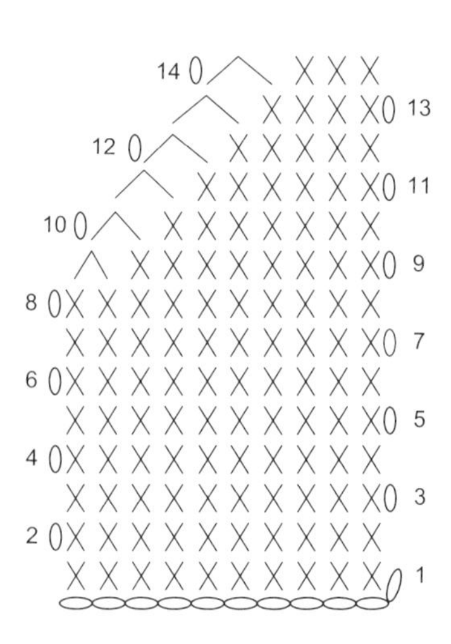

後衣身＆燕尾

鎖針起針1針，以往復編依織圖加減針，鉤織27段。完成後，兩側分別縫合左、右前衣身，套在娃娃身上，再縫合前襟。

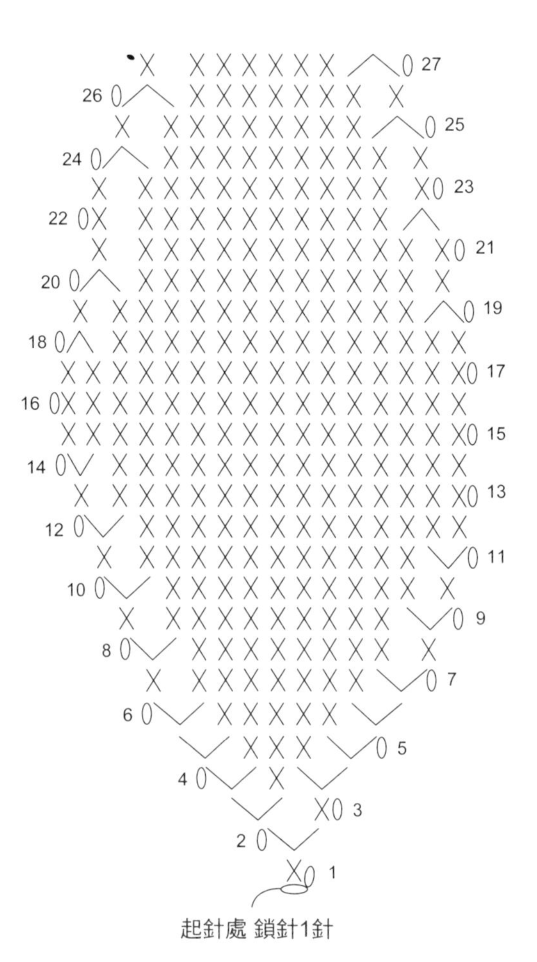

男生 頭髮（咖啡色）

依織圖分別鉤織上、中、下層髮片。後腦下半黏貼下層髮片；後腦上半＆頭頂重疊黏貼兩片中層髮片；最後將上層髮片由頭部左側往右側黏貼，作成瀏海即可。

下層髮片1個

鎖針起針38針，往回鉤織38針中長針，以此為底。接著在中長針上鉤鎖針起針12針，再鉤12針中長針回來，在下一個中長針上鉤引拔固定，完成一髮條。底部兩中長針鉤一髮條，共重複19次，完成下層髮片。

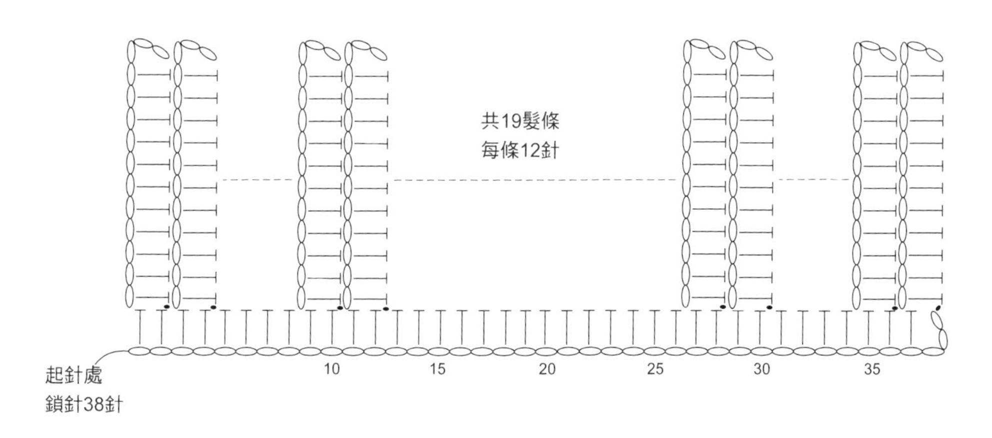

中層髮片2個

鎖針起針12針，往回鉤織12針中長針，以此為底。接著在中長針上鉤鎖針起針13針，再鉤13針中長針回來，在下一個中長針上鉤引拔固定，完成一髮條。底部兩中長針鉤一髮條，依織圖針數共重複6次，完成中層髮片。

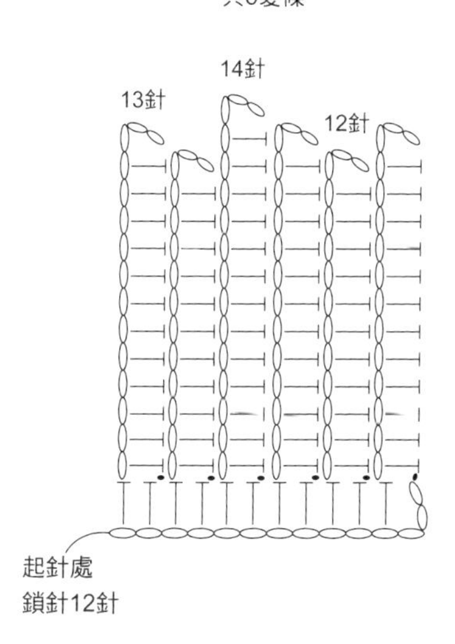

上層髮片1個

鎖針起針6針，往回鉤織6針中長針，以此為底。接著在中長針上鉤鎖針起針24針，再鉤24針中長針回來，在下一個中長針上鉤引拔固定，完成一髮條。底部兩中長針鉤一髮條，共重複3次，完成上層髮片。

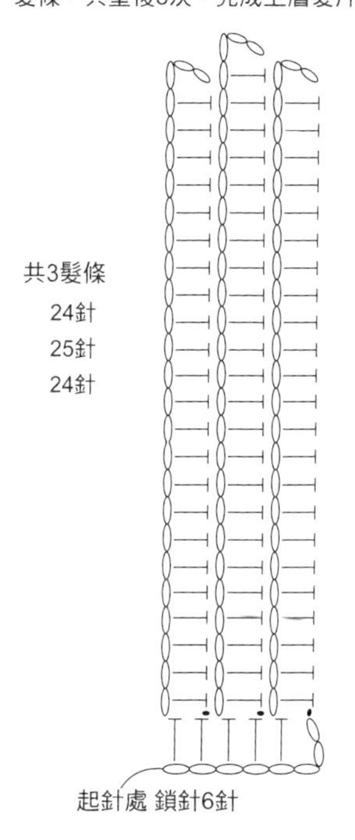

【Knit・愛鉤織】48

Happy Life with Knit Doll
妞媽&鉤織娃兒的幸福相本

作　　者／愛線妞媽
發 行 人／詹慶和
總 編 輯／蔡麗玲
執行編輯／蔡毓玲
編　　輯／劉蕙寧・黃璟安・陳姿伶・李佳穎・李宛真
執行美編／周盈汝
美術編輯／陳麗娜・韓欣恬
攝　　影／數位美學・賴光煜
製　　圖／巫鎧茹
出 版 者／雅書堂文化事業有限公司
發 行 者／雅書堂文化事業有限公司
郵撥帳號／18225950
戶　　名／雅書堂文化事業有限公司
地　　址／新北市板橋區板新路206號3樓
電　　話／（02）8952-4078
傳　　真／（02）8952-4084
網　　址／www.elegantbooks.com.tw
電子郵件／elegantbooks@msa.hinet.net

2016年8月初版一刷　定價 320 元

總經銷／朝日文化事業有限公司
進退貨地址／新北市中和區橋安街15巷1號7樓
電話／(02) 2249-7714　傳真／(02) 2249-8715

國家圖書館出版品預行編目資料

Happy Life with Knit Doll妞媽&鉤織娃兒的幸福相本 / 愛線妞媽著. -- 初版. -- 新北市：雅書堂文化, 2016.08
面；　公分. -- (愛鉤織 ; 48)
ISBN 978-986-302-311-1(平裝)

1.編織 2.手工藝

426.4　　105007525